普通高等教育“十二五”电气信息类规划教材

MATLAB与控制理论实验教程

汪　宁　郭西进　夏　帅　有　鹏　编著

机械工业出版社

本书是为高等学校自动化、电气工程及其自动化、通信工程类等相关专业编写的MATLAB和控制理论实验课程教材。本书共分6章，包括控制理论实验概述，MATLAB程序设计语言基础，Simulink仿真集成环境，自动控制系统的模拟计算机仿真，自动控制系统的数字计算机仿真以及相关的实验单元等内容。

本书可以作为大专院校MATLAB和控制理论课程的实验教材，也可以作为从事自动化、电气工程、通信工程、电子工程的工程技术人员的参考书。

图书在版编目（CIP）数据

MATLAB与控制理论实验教程/汪宁等编著．—北京：机械工业出版社，2011.4（2025.2重印）

普通高等教育“十二五”电气信息类规划教材

ISBN 978-7-111-33759-1

Ⅰ.①M… Ⅱ.①汪… Ⅲ.①自动控制理论－计算机辅助计算－软件包，MATLAB－高等学校－教材 Ⅳ.①TP13②TP391.75

中国版本图书馆CIP数据核字（2011）第042741号

机械工业出版社（北京市百万庄大街22号 邮政编码100037）
策划编辑：于苏华 责任编辑：于苏华 张利萍 刘琴琴 版式设计：霍永明
责任校对：李秋荣 封面设计：张 静 责任印制：常天培
固安县铭成印刷有限公司印刷
2025年2月第1版第5次印刷
184mm×260mm・9.75印张・240千字
标准书号：ISBN 978-7-111-33759-1
定价：29.00元

电话服务	网络服务
客服电话：010-88361066	机 工 官 网：www.cmpbook.com
010-88379833	机 工 官 博：weibo.com/cmp1952
010-68326294	金 书 网：www.golden-book.com
封底无防伪标均为盗版	机工教育服务网：www.cmpedu.com

前　言

自动控制理论是一门理论性和实践性都很强的技术基础课。加强实验教学，不仅有助于理论联系实际，深化理论教学，而且有助于培养学生的科学实验和工程实践能力。在广泛调研和反复实验的基础上，本书以培养学生的基本操作技能、知识综合应用能力和创新能力为目标，提出对自动控制理论实验教学进行改革，开设设计性和综合性实验。本书便于学生自学和进行实验预习，其中作者对多年实验教学改革的经验进行了总结，强化了计算机辅助设计等内容。

MATLAB 是一套高性能的数值计算和可视化软件，它集数值分析、矩阵运算、信号处理和图形显示于一体，构成了一个方便的、界面友好的用户环境。自动控制领域里有大量繁琐的计算与仿真曲线绘制任务，因此，在虚拟实验开发中，MATLAB 已经成为国际、国内控制领域内最流行的、被广泛采用的控制系统计算、仿真与计算机辅助设计的软件。为了使学生掌握控制理论计算机仿真实验，本书将简述 MATLAB 7.0 的基本功能和使用方法。

本书以实验原理、实验任务和注意事项为主要内容，而实验方案、方法和步骤等可由学生根据自动控制理论的有关认识和老师的相关指导自己确定。实验过程中，要求学生自己设计完成实验，并通过分析总结实验结果，给出相关结论。采用这种方式，既有利于充分发挥学生的主观能动性，又有利于学生分析、解决问题和创新能力的提高。实验可根据教学要求和实验条件的不同在课堂上选做，部分实验可供学生课余时间进行扩展研究。实验包括 MATLAB 实验、古典控制理论实验、现代控制理论实验。

本书由中国矿业大学和徐海学院的老师们编著完成，共分 6 章。第 1 章、第 2 章和第 4 章由汪宁编写，第 3 章和第 5 章由郭西进编写，第 6 章由汪宁、夏帅和有鹏共同编写，附录 A 由汪宁编写，附录 B 由夏帅编写，全书由郭西进教授统稿。

本书的出版得到了中国矿业大学国家级电工电子实验教学示范中心建设基金的资助，本书的编写得到了王香婷教授、李明教授的关心和支持，贾存良、陈颖、常俊林、孙晓燕、耿乙文和张倩对本书编写提出了许多宝贵意见。在此对他们表示衷心的感谢。

由于作者水平有限，书中难免存在疏漏不妥之处，恳请读者批评指正。

作　者

目　　录

第 1 章　控制理论实验概述

1.1　概述

自动化技术将自动化科学原理与方法转换为工程技术应用。随着系统、过程和规模越来越复杂，自动化技术的系统集成作用也越来越明显。自动控制系列课程是理论性、工程应用性很强的课程，每一门课程都对应有相应的实践教学环节。加强实验教学，不仅有利于理论联系实际，深化理论教学，而且有助于培养学生的工程实践能力。

控制系统的综合分析与设计一般采用两种方法：一是解析方法，运用理论知识对控制系统进行理论方面的分析、计算，但这种方法往往有很大的局限性；二是实验方法，即利用各种各样的仪器仪表装置，对控制系统施加一定类型的信号来测量系统响应以确定系统动态性能的方法。

一般来说，设计一个自动控制系统，要经过好几个步骤，归纳起来可以用流程图 1-1 来表示。

从图 1-1 中可以看到，要完成一个控制系统设计任务，需要涉及以下三方面的问题。

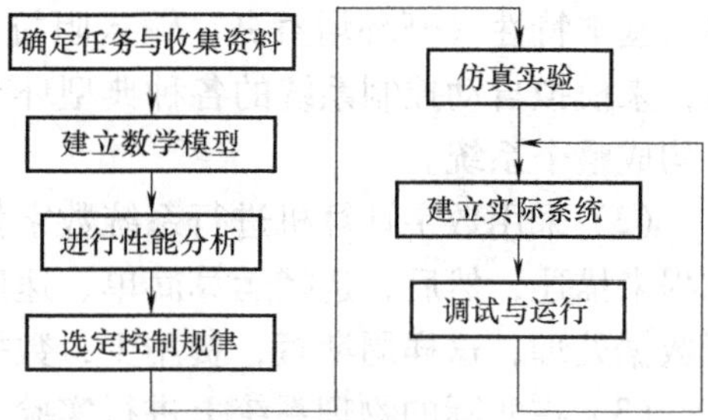

图 1-1　自动控制系统设计步骤流程图

1. 控制理论

根据控制理论，熟悉被控对象的技术要求和性能指标，了解给定对象的动态特征和所需元件的动态特征，从而确定系统的数学模型。

2. 自动化技术工具

根据系统的数学模型和已知部分的数学模型去找出控制器的模型，并确定相应的参数，将综合确定的数学模型进行系统的性能分析，找出控制规律。

3. 控制系统实验

通过实验仪器仪表和装置，去验证控制系统在各种信号和扰动作用下的响应是否满足要求，及时分析，及时修改。

实验教学是激发兴趣、传授知识、培养能力的重要途径，提高实验课质量也是提高教学质量的重要一环。从内容和要求上可分为验证性、设计性和综合性三类实验。验证性实验可巩固学生在课堂上所学的知识，培养和提高学生的实验技能和观察能力；设计性实验是根据所学的理论知识自行设计，以达到实验要求；综合性实验可在巩固知识的基础上，对技能的培养有更大的提高。

要想使实验获得成功，不仅需要有扎实的理论基础知识和正确的操作技术，还必须掌握实验设计的三个方面，即：

（1）科学性　它对实验设计十分重要。所谓科学性，就是实验目的要明确，实验原理要正确，实验材料和实验手段的选择要恰当，整个设计思路和实验方法的确定都不能偏离基本知识和基本原理。

（2）可行性　在设计实验时，从实验原理、实验的实施到实验结果的产生，都应具有可行性。实际上，实验的可行性又是和实验的科学性相统一的。

（3）简便性　在实验时要考虑到实验材料容易获得，实验装置比较简化，实验操作简单易行。

一般来说，控制理论实验采用时域法和频域法进行分析。实验需要实验手段，各种各样不同类型的仪器仪表与设备都是实验工具；无论是何种实验，采用何种方法，均因控制系统类型的不同，具体的实验内容也不同，要采用相应的仪器仪表设备。目前主要采用数字计算机、模拟计算机和一些辅助的电子装置，以及实际的物理系统的实验装置。

从以上可以看出，在控制系统设计的过程中，除了第一步是确定任务与收集资料以外，其余全部都与实验有关。总之，控制系统的设计离不开实验。控制理论实验的主要任务是流程图中的三个步骤，即从性能分析到仿真实验。

说到仿真，就是把需要的实验系统建立成物理模型或数学模型来进行研究，然后把对模型实验研究的结果应用到实际系统中去。因为在有些生产过程中，受控对象较为复杂，用实际系统进行实验是不允许的，这就要用到模拟或数字仿真实验。

控制理论实验有三种类型：

（1）采用模拟计算机和电子模拟装置进行控制系统的模拟实验　模拟装置利用运算放大器的基本特性（开环增益高、输入阻抗大、输出阻抗小）设置了不同的输入网络和反馈网络，来模拟自动控制系统的各种典型环节，再把各种典型环节按实验系统的组成形式连接起来构成整个系统。

（2）采用数字计算机进行系统数字仿真实验　数字仿真是将实际系统的运动规律用数学方程来描述，然后，选择运算简单、速度快、准确度高的计算方法编制程序，用计算机来进行数据处理，这样周期短，费用少，数据的处理也简单。

（3）在实际的物理系统上进行实验　这类系统与系统原型基本相同，模型的变量完全一致，从而保证了系统原型的物理本质，因此，它能比较全面地表现被研究过程的物理现象，它能观察到数学模型不可能包含在数学方程中的真实过程所具有的现象。如调速系统、随动系统、温控系统等。

模拟仿真和数字仿真，是设计控制系统常用的实验方法，但是这两种方法在建立数学模型时往往忽略一些次要因素，从而回避了实验系统中常常碰到的各式各样的复杂因素。也就是说，设计的控制系统在实际物理系统调试过程中，还会出现各种各样的实际问题，在调试过程中，应分析并逐步解决出现的实际问题，进一步完善设计。

1.2 控制系统动态特性的基本测试方法

控制系统特性包括静态特性和动态特性。由于静态特性一般是采用逐点测量法来得到系统或环节的各种静态特性参数，如死区、增益、传递函数、线性范围等，相对来说比较简单，而且在动态特性实验中也可以得到所需要的静态特性结果，因此主要介绍动态特性的测试方法。

1.2.1　控制系统动态特性的时域测试法

控制系统的时间响应，从时间顺序上，可以划分为过渡过程和稳态过程。过渡过程是指系统从初始状态到接近最终状态的响应过程；稳态过程是指时间趋于无穷时系统的输出状态。控制系统的动态特性是指系统在过渡过程中，输入量与输出量随时间的推移所表示出来的每一时刻输入量与输出量的关系。其过渡过程是由它的组成环节、元件、控制对象和系统的结构所决定的。当系统在稳定条件下工作时，系统的动态特性通常以单位阶跃输入信号的响应特性来衡量。图 1-2 所示就是用时域测试法来衡量系统的动态特性的原理图。为使不同系统有统一的衡量动态特性的标准，在时域法中提出超调量、调节时间、时间常数、上升时间、峰值时间等测试指标，可通过这些动态特性指标的测试，获得系统或环节的动态特性参数，进而通过计算可以确定被测对象的传递函数。

1. 阶跃响应曲线的测试

在被测系统的输入端施加一个单位阶跃信号后，系统的输出量也必然随之响应。这时，输出量的响应曲线称为单位阶跃响应曲线。阶跃响应测试原理图如图 1-2 所示。

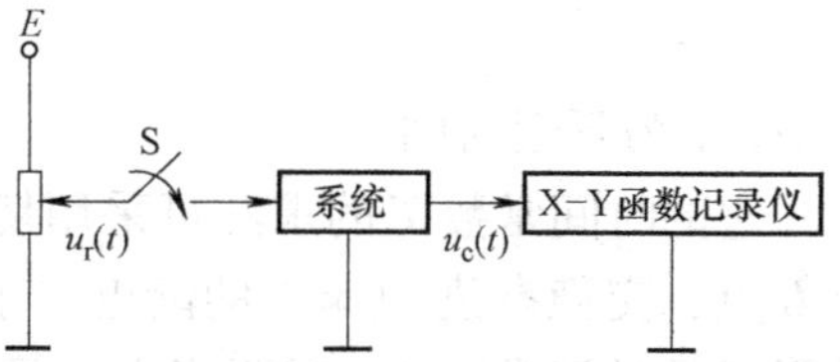

图 1-2　阶跃响应测试原理图

输入系统的阶跃信号 $u_r(t)$ 在 $+E$ 信号源上获取，经开关 S 加于被测系统输入端。被测系统输出端接到 X－Y 函数记录仪上，或者接到超低频示波器或数字示波器上，实时记录系统输出 $u_C(t)$ 随时间增长而变化的曲线。

通过开关 S 的操作产生正的或负的阶跃信号来测试响应曲线。一般阶跃信号的幅值不宜过大，以防止被测对象因输入过大而产生饱和；但是阶跃信号的幅值也不宜过小，否则被测对象的输出响应曲线难以清楚地记录下来。另外在相同的阶跃信号幅值之下，对被测系统应施加正向和反向的阶跃作用，所得到的响应曲线应基本一样，否则需按非线性系统处理。

2. 阶跃响应曲线的分析

在阶跃响应曲线测定后，应该对响应曲线进行分析和计算。在工程上常采用一些近似的方法来计算所测响应曲线的参数。下面以一阶系统为例来讲解如何求取响应曲线的参数。

一阶系统的传递函数表达式为 $M(s)=\dfrac{C(s)}{R(s)}=\dfrac{K}{Ts+1}$，式中，$C(s)$ 为输出量；$R(s)$ 为输入量；T 为时间常数；K 为放大系数。在一阶系统的输入端加入阶跃信号后，得到一阶系统的阶跃响应曲线如图 1-3 所示。

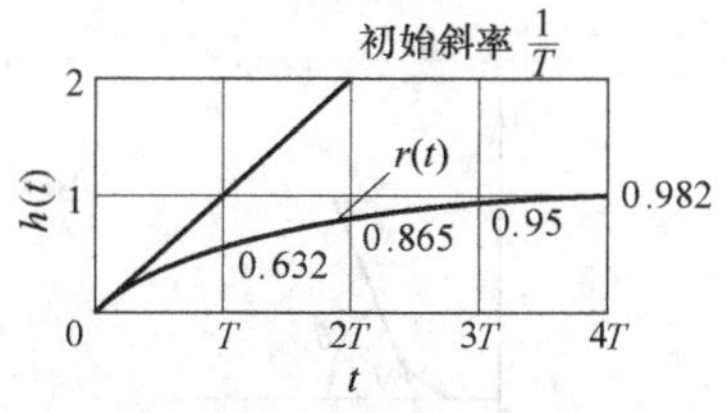

图 1-3　一阶系统的阶跃响应曲线

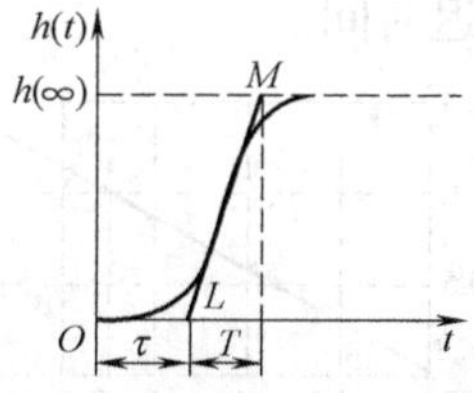

图 1-4　具有延迟环节的一阶非周期响应曲线

时间常数 T 是表征一阶响应特性的唯一参数。有两种方法可得到时间常数，第一种是切线法，如图 1-3 所示，在阶跃响应曲线的起点作切线，交稳态值的渐近线于一点，则这一点在时间轴上的投影就为时间常数；第二种是比例法，由于阶跃响应曲线的切线作得不准确，则可由比例法求得时间常数。

由于 $h(t)=1-e^{-\frac{1}{T}t}$，故有以下对应关系，即

$$t=T \quad h(T)=0.632$$
$$t=2T \quad h(2T)=0.865$$
$$t=3T \quad h(3T)=0.95$$
$$t=4T \quad h(4T)=0.982$$

于是可在曲线上升到 0.632 处作时间轴 t 的垂线，这条垂线与时间轴交点所得到的数值就是时间常数 T。依此类推，曲线在 0.865 处与时间轴交点所得到的是 $2T$。

若阶跃响应曲线是一条 S 形的非周期曲线，如图 1-4 所示，则该系统可近似用具有延迟环节的一阶系统来描述，其系统的传递函数为

$$G(s)=\frac{K}{Ts+1}e^{-\tau s}$$

式中，τ 为延迟时间。

它的时间常数 T 的求法可采用切线法，即通过阶跃响应曲线的拐点作一切线，交时间轴于 L 点，交稳态值 $h(\infty)$ 的渐近线于 M 点，则 OL 就是延迟时间 τ，切线 LM 在时间轴上的投影就是时间常数 T。需要指出的是，用切线法求时间常数的缺点是切线不易作得准确。

3. 积分环节参数的求取

若积分环节的阶跃响应曲线的变化速度保持不变，如图 1-5 所示，则该环节的阶跃响应函数为

$$G(s)=\frac{1}{Ts}$$

对于积分环节要确定的时间常数代表了积分增长的快慢。当 $t=T$ 时，环节的输出值等于输入值，所以 T 可表示为

$$T=\frac{\Delta y(t)}{\tan\theta}$$

式中，θ 是积分环节阶跃响应曲线与时间轴的夹角。

但环节的阶跃响应曲线的变化速度不大，以后逐渐上升达到稳定速度。则可用具有延迟的环节来近似，如图 1-6 所示。其传递函数为

$$G(s)=\frac{1}{Ts}e^{-\tau s}$$

式中，τ 为延迟时间。

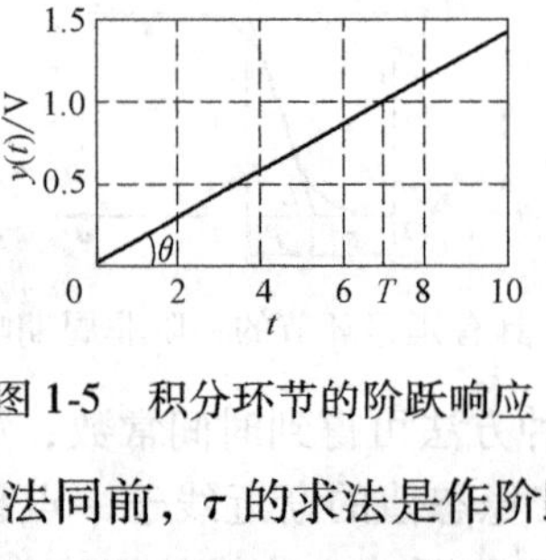

图 1-5 积分环节的阶跃响应

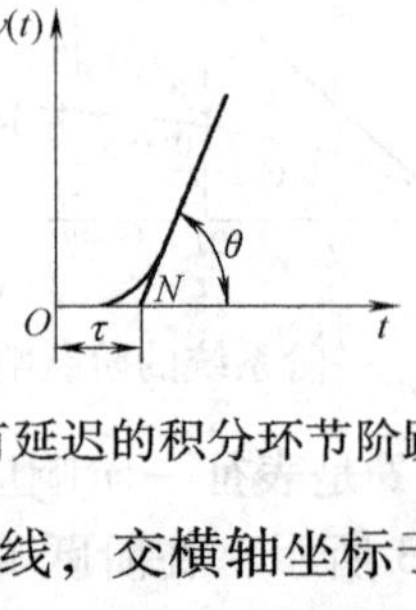

图 1-6 具有延迟的积分环节阶跃响应曲线

T 的求法同前，τ 的求法是作阶跃响应曲线稳定部分的切线，交横轴坐标于 N，ON 即为 τ。

1.2.2　控制系统动态特性的频域测试法

测试控制系统的频率特性要比求响应曲线更为复杂，但频域法不必计算其分析式，能更有效地利用频率特性的图表来反映被测系统的动态特性，这对于无法描述的动态特性分析式的某些复杂系统更为重要。

频域法的优点有两个方面：其一，在测试系统频率特性时，被测系统施加一种不衰减的振荡信号，信号处在稳态过程，而在时域法测试响应曲线时，系统则处在过渡过程，因此外来随机干扰的影响要比时域法小；其二，适当地选择输入振荡的振幅值，就可得到足够大的输出波动。这样仪表的测量误差对实验结果的影响会较小。

1. 控制系统的频率特性

对于线性定常系统，在其输入端加一个角频率为 ω、幅值为 x_m、初始相角为零的正弦信号 $x(t) = x_m\sin(\omega t)$ 时，其稳态输出是一个与输入量频率相同、幅值和相位不同且随输入信号频率变化而变化的正弦信号，它的表达式为 $y(t) = y_m\sin(\omega t+\varphi)$。

当频率 ω 不断变化时，系统稳态输出量与输入量的幅值比和相位差就可用系统的频率特性来表示。

幅频特性为

$$A(\omega) = |G(j\omega)| = \frac{y_m}{x_m}$$

相频特性为

$$\varphi(\omega) = \angle G(j\omega)$$

2. 李沙育图形法

频率特性测试原理图如图 1-7 所示。根据频率特性表达式可知，当输入信号频率变化时，被测系统的输出量和输入量的幅值比及相位差都在变化。若用电压表分别测得输出电压和输入电压，则两者之比就是幅值比即系统的幅频特性。

系统的输出与输入之间的相位差可用李沙育图形法来测量。将被测信号的输入信号和输出信号分别接到示波器的 X 轴和 Y 轴，在示波器上显示出的波形则为两正交的简谐运动的合成运动光点的轨迹，这个图形就称为李沙育图形，如图 1-8 所示。

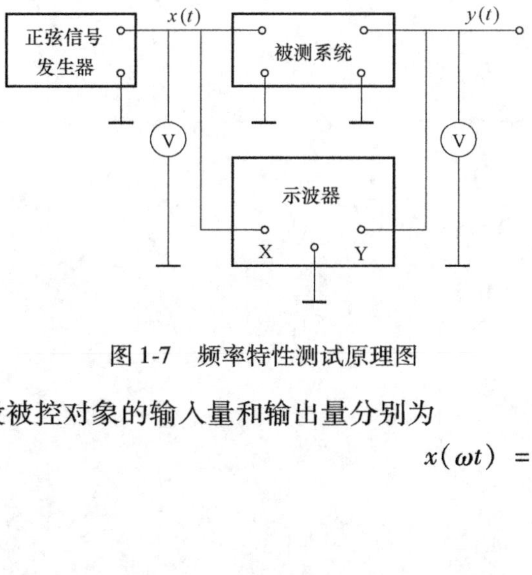

图 1-7　频率特性测试原理图

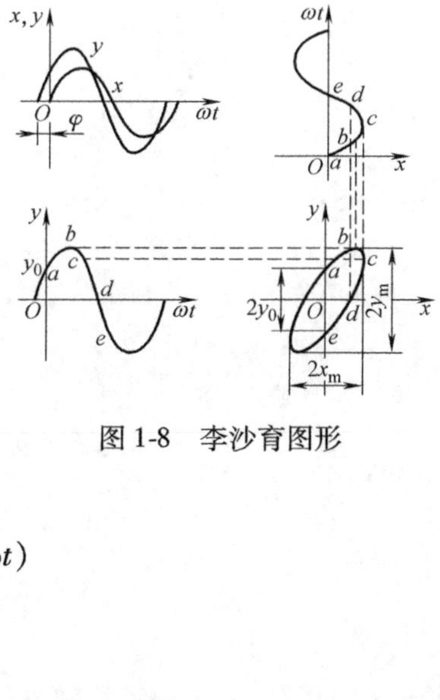

图 1-8　李沙育图形

设被控对象的输入量和输出量分别为

$$x(\omega t) = x_m\sin(\omega t)$$

$$y(\omega t)=y_m\sin(\omega t+\varphi)$$

若以 $x(t)$ 为横轴，$y(t)$ 为纵轴，而以 ω 作为参变量，则随 ωt 的变化而变化，$x(t)$ 和 $y(t)$ 所确定的点的轨迹，将在 x-y 平面上绘出李沙育图形。

当 $\omega t=0$ 时，有 $x(0)=0$，$y(0)=y_m\sin\varphi$，相位差计算公式为 $\varphi=\arcsin(y_0/y_m)$，该式对于椭圆长轴在第一、三象限时适用；当椭圆长轴在第二、四象限时，相位差计算公式应为 $\varphi=180°-\arcsin(y_0/y_m)$。

一般情况下，若控制系统的输出相角滞后于输入相角，则光标放置方向为逆时针，计算结果取负号；若输出相角超前于输入相角，则光标放置方向为顺时针，计算结果取正号。由于李沙育图形测试法对仪器的要求不高，因而所得的精度相对较低，故产生的误差也相对较大，其中含有示波器系统电路的非线性误差、示波器固有相位差以及被测信号的谐波等。

第 2 章　MATLAB 程序设计语言基础

2.1 概述

2.1.1 MATLAB 发展历程

MATLAB 的产生是与数学计算紧密联系在一起的。1980 年，美国新墨西哥州大学计算机主任 Cleve Moler 博士在给学生讲授线性代数课程时发现，学生在做习题时，花费很多的时间和精力用于高级语言编程，于是为了减轻学生的负担，采用当时用于数学计算的高级语言，编写了供学生使用的与其有关的一系列子程序库的接口程序，它将这个接口程序取名为 MATLAB（Matrix Laboratory 的前三个字母的组合，意为“矩阵实验室”）。这一软件利用了当时流行的 EISPACK（基于特征值计算的软件包）和 LINPACK（线性代数软件包）两大软件包中可靠的程序，用 Fortran 语言编写了集命令翻译、科学计算于一身的一套交互式软件系统。这个程序获得了很大的成功，受到学生的广泛欢迎。

20 世纪 80 年代初期，Moler 博士与一批数学家及软件专家组成了软件开发公司，继续从事 MATLAB 的研究与开发，1984 年推出了第一个 MATLAB 商业版本，其核心是用 C 语言编写的。随后又推出了与 Microsoft Windows 配合的微机应用程序，增添了丰富多彩的图形图像处理、多媒体、符号运算以及与其他流行软件的接口功能，使得 MATLAB 的功能越来越强大。

MathWorks 公司正式推出 MATLAB 后，于 1992 年推出了具有划时代意义的 MATLAB 4.0 版本；1999 年推出的 MATLAB 5.3 版在很多方面进一步改进了 MATLAB 的功能，随之推出的全新版本也达到了很高的档次；2000 年 10 月推出的版本，在操作界面上有了很大的改观，同时还给出了程序发布窗口、历史信息窗口和变量管理窗口等，为用户提供了极大的方便；2001 年 6 月 MATLAB 6.1 版与 Simulink 4.0 版问世，功能已经十分强大；随之又推出了 MATLAB Release13，即 MATLAB 6.5 与 Simulink 5.0，在核心数值算法、界面设计、外部接口、应用桌面等诸多方面有了极大的改进；2004 年 9 月正式推出 MATLAB Release14，即 MATLAB 7.0 与 Simulink 6.0，其功能在原有的基础上又有了进一步的改进，它是 MATLAB 目前最新的版本。

经过 20 余年的补充、研究与不断完善以及多个版本的升级换代，MATLAB 现已成为国际上最为流行的科学计算与工程计算软件之一，现在的 MATLAB 已经不仅仅是最初的“矩阵实验室”了，它已发展成为一种具有广泛应用前景、全新的计算机高级编程语言，可以说它是“第四代”计算机语言。

自 20 世纪 90 年代以后，在美国和欧洲的大学中，将 MATLAB 正式列入研究生、本科生的教学计划，MATLAB 软件已成为线性代数、自动控制理论、数理统计、数字信号处理、动态系统仿真等课程的基本教学工具，成为学生所必须掌握的基本软件之一。在研究单位和工业界，MATLAB 也成为工程师们必须掌握的一种工具，作为进行研究与开发的首选软件工具。

2.1.2 MATLAB 系统构成

MATLAB 语言经过不断发展现已自成体系。MATLAB 语言系统包括以下五个部分。

1. MATLAB 语言

MATLAB 语言是一种带有独特的数据结构、输入输出、流程控制语句和函数，并且面向对象的高级的矩阵/数组语言。MATLAB 语言在工程计算方面具有无可比拟的优异性能。它集计算、数据可视化和程序设计于一体，并能将问题和解决方案以用户熟悉的数学符号表示出来。用户既可以用它来快速编写简单的程序，也可用来编写庞大复杂的应用程序。

2. MATLAB 开发环境

MATLAB 开发环境是一套方便用户使用 MATLAB 函数和文件的工具集，其中许多工具是图形化用户接口。它是一个集成化的工作空间。在这个工作空间中，可以让用户或程序开发者输入、输出数据，并提供了 M 文件的集成编译和调试环境以及应用不同的功能完成他们的工作。它包括 MATLAB 桌面、命令窗口、M 文件编辑调试器、MATLAB 工作空间和在线帮助文档等。

命令窗口：命令窗口是 MATLAB 提供给用户的操作界面，在命令窗口中，用户可以实现 MATLAB 的各种功能。

M 文件编辑调试器：M 文件是 MATLAB 所特有的使用该语言编写的磁盘文件，而编辑器则是 MATLAB 为用户提供的用于编辑 M 文件的程序。

MATLAB 工作空间：它是显示用户在 MATLAB 中通过命令行进行操作的变量集合窗口。

在线帮助文档：MATLAB 为用户提供了强大的在线帮助。通过使用 MATLAB 提供的帮助，用户不但可以查询函数的用法，学习 MATLAB 的使用，还可以从一个 MATLAB 的初学者一步一步地成为精通 MATLAB 的高手。

3. MATLAB 图形处理系统

MATLAB 的图形处理系统为用户提供了非常丰富的图形函数，方便的图形化显示向量和矩阵，而且还可以将工程计算的结果可视化及对图形进行编辑。其主要功能为绘制二维图形、绘制三维图形、图像处理、动画显示及定制图形用户界面（GUI）等。

4. MATLAB 数学函数库

MATLAB 数学函数包含了大量的计算算法，从基本运算（如加法、正弦等）到复杂算法，如矩阵运算、快速傅里叶变换等复杂函数。

MATLAB 数学函数通过两种方式提供给用户：一是内部函数（基本的数学函数）；二是外部函数（专用函数）。

5. MATLAB 应用程序接口

MATLAB 应用程序接口（API）实际上是一个让 MATLAB 语言同 C 和 Fortran 等其他高级语言进行交互的函数库。该函数库的函数通过动态链接来读写 MATLAB 文件。

2.1.3 MATLAB 的主要功能及特点

1. MATLAB 的主要功能

（1）数值计算功能　MATLAB 作为世界顶尖的数学应用软件，其出色的数值计算能力是优于其他数值计算软件的决定因素之一。

（2）符号计算功能　数学计算有数值计算和符号计算之分，仅有优异的数值计算功能并不能满足解决数学计算问题时的需要。在数学、应用科学和工程计算领域，常常会遇到符号计算问题。1993 年，MathWorks 公司从加拿大滑铁卢大学购买了 Maple 的使用权，并以 Maple 的"内核"作为符号计算功能的"引擎"，依靠 Maple 已有的库函数，实现了 MATLAB 的符号计算功能。

（3）数学分析和可视化功能　在科学计算的研究工作中，技术人员经常会遇到大量的原始数据，而对数据的分析往往难以入手，如果能将这些数据以图形的方式显示出来，不仅使数据间的关系清晰明了，而且对于揭示其内在本质往往有着非常重要的作用。

（4）文字处理功能　MATLAB Notebook 为用户提供了强大的文字处理功能。MATLAB Notebook 允许用户从一个文字处理程序（Microsoft Word）访问 MATLAB 的数值计算和可视化结果。通过使用 MATLAB Notebook，用户可以方便地创建包含文本、MATLAB 命令及使用 MATLAB 得到的结果的文档。MATLAB Notebook 主要用于创建 MATLAB 程序文档、MATLAB 的教科书、MATLAB 手册、MATLAB 技术报告和 MATLAB 注释文档。

（5）Simulink 动态仿真功能　Simulink 是 MATLAB 为模拟动态系统而提供的一个交互式程序。Simulink 允许用户在屏幕上用框图来模拟一个系统，并能够动态地控制该系统。Simulink 采用鼠标驱动方式，能够处理线性、非线性、连续、离散等多种系统。

此外，Simulink 还为用户提供了两个应用程序扩展集，包括 Simulink Extensions 和 Blocksets。Simulink Extensions 是支持 Simulink 环境中进行系统开发的一些可选择的工具应用程序；Blocksets 是在特殊应用领域中设计的 Simulink 程序的集合。

2. MATLAB 的特点

（1）功能强大　它不仅在数值计算和符号计算方面具有强大的功能，而且在计算结果的分析和数据可视化方面也有着其他类似软件难以匹敌的优势。

（2）界面友好，编程效率高　MATLAB 是一种以矩阵计算为基础的程序设计语言，其指令表达式与标准教科书的数学表达式非常接近。

（3）扩展性强　MATLAB 的一个重要特点是它的可扩展性，用户能够自由地开发自己的应用程序，并能嵌入 MATLAB 中，可以供其他用户使用。

2.1.4 MATLAB 7.0 主要工具箱

MATLAB 拥有一个专用的家族产品，用于解决不同领域的问题，称之为工具箱（Toolbox）。工具箱用于 MATLAB 的计算和画图，通常是 M 文件和高级 MATLAB 语言集合，以使用户可以方便地修改函数和源代码，或增加新的函数。目前已有涉及自动控制、信号处理、图像处理、经济、数学等多种学科的 30 多种工具箱投入应用。下面是一些比较常用的工具箱。

1. 控制类工具箱

MATLAB 控制类工具箱为用户提供了许多控制领域的专用函数，实际上，这个工具箱就是一个关于控制系统的算法的集合。通过这些专用函数，用户可以方便地实现控制系统的部分应用。此外，使用 MATLAB 的控制类工具箱还可以方便地进行模型间的转换。该类工具箱主要包括下列应用：

1）控制系统工具箱（Control Systems Toolbox）；

2）系统辨识工具箱（Systems Identification Toolbox）；

3）模糊逻辑工具箱（Fuzzy Logic Toolbox）；

4）神经网络工具箱（Neural Network Toolbox）；

5）模型预测控制工具箱（Model Predictive Control Toolbox）

2. 信号处理类工具箱

1）信号处理工具箱（Signal Processing Toolbox）；

2）滤波设计工具箱（Filter Design Toolbox）；

3）通信工具箱（Communication Toolbox）；

4）高阶谱分析工具箱（Higher Order Spectral Toolbox）。

3. 应用数学类工具箱

1）最优工具箱（Optimization Toolbox）；

2）样条工具箱（Spline Toolbox）；

3）统计工具箱（Statistics Toolbox）；

4）偏微分方程工具箱（Partial Differential Equation Toolbox）。

4. 其他常用的工具箱

1）符号数学工具箱（Symbolic Math Toolbox）；

2）生物信息工具箱（Bioinformatics Toolbox）；

3）定点工具箱（Fixed-point Toolbox）；

4）遗传算法和直接搜寻工具箱（Genetic Algorithm and Direct Search Toolbox）；

5）图像处理工具箱（Image Processing Toolbox）；

6）线性矩阵不等式控制工具箱（LMI Control Toolbox）。

2.1.5 MATLAB 的安装

在 Microsoft Windows 环境下，将 MATLAB 7.0 的光盘插入光盘驱动器；在 MATLAB 目录下运行“setup. exe”程序。具体操作过程如下：

输入正确的用户注册信息码；

选择接收软件公司的协议；

输入用户名和公司名；

选择 MATLAB 组件（Toolbox）；

选择软件安装路径和目录；

单击“Next”按钮进入正式的安装界面。安装过程界面如图 2-1 所示。以后按装机的一般步骤顺序往下安装，直至完成。

首先启动 Windows 环境，用鼠标双击 MATLAB 图标或单击 Windows 的开始菜单，依次指向“程序”→“MATLAB”，单击“MATLAB”即可启动该软件环境，进入 MATLAB 的桌面平台，如图 2-2 所示。

如要退出 MATLAB 环境，可在命令窗口上键入“quit”，或选择菜单项“File”→“退出”，这样就可以退出 MATLAB 环境。

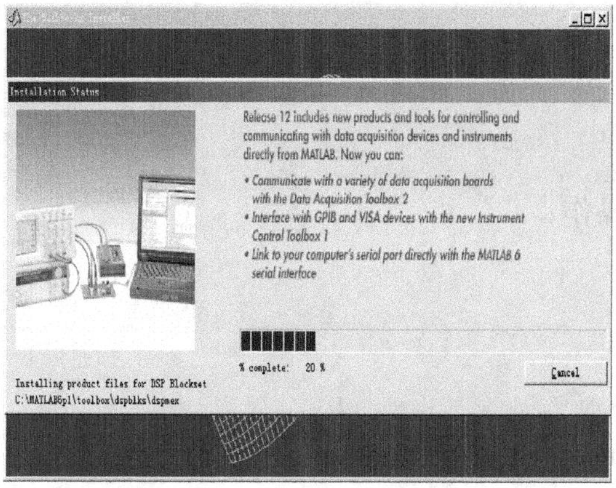

图 2-1　MATLAB 安装过程界面

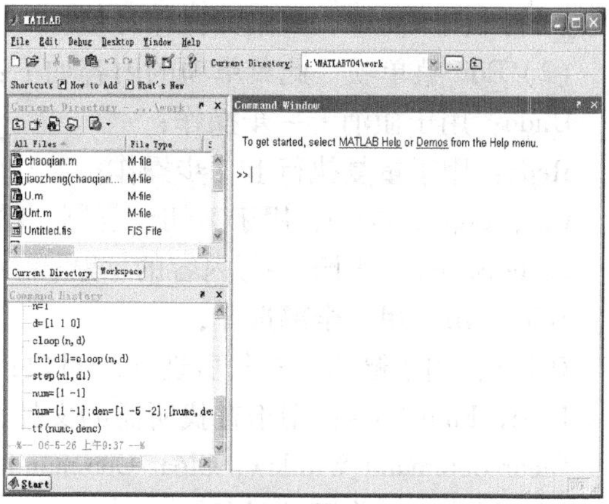

图 2-2　MATLAB 主窗口

2.1.6　MATLAB 的主菜单

MATLAB 既是一种高级计算机语言，又是一个编程环境。MATLAB 的系统界面，通常是指这个软件系统所具有的各种界面里的诸多菜单命令、工具栏按钮与对话框。通过对其操作，可以运行并管理系统，生成、编辑与运行程序，管理变量与工作空间，输入输出数据与相关信息以及生成与管理 M 文件等。本节主要介绍 MATLAB 7.0 以上版本的系统界面、系统菜单项命令、系统工具栏按钮、系统界面的窗口、Start 开始按钮等。MATLAB 主窗口如图 2-2 所示。从图中可以看到，MATLAB 主窗口的上方是标准的 Windows 工作界面。

在工具栏下方的大窗口就是 MATLAB 的主窗口，主窗口不能进行任何计算任务的操作，只能用来进行一些整体的环境参数设置。在桌面平台默认设置下，主窗口主要包含四个窗口："Command Window"、"Current Directory"、"Command History" 与 "Workspace"；六个下拉菜单项命令和工具栏上的 10 个按钮控件。

1. 菜单项命令

MATLAB 的菜单命令构成相对简单，由 File、Edit、Debug、Desktop、Window、Help 六组菜单命令组成。

(1) File 菜单项　此菜单项的内容如下：

New：用于建立新的 . m 文件、图形、模型和图形用户界面文件；

Open：用于打开 MATLAB 的 . m 文件、图形、模型和图形用户界面文件；

Close Command Window：关闭命令窗口；

Import Data：用于从其他文件导入数据，单击后弹出对话框，选择导入文件的路径和位置；

Save Workspace As：用于把工作空间的数据存放到相应的路径文件中；

Set Path：设置工作路径；

Preferences：用于设置命令窗口属性；

Page Setup：用于页面设置；

Print：用于设置打印属性；

Print selection：用于对选择的文件数据进行打印设置；

Quit：退出 MATLAB 桌面操作环境。

（2）Edit 菜单项 此菜单项的内容如下：

Undo：用于撤消上一步操作；

Redo：用于重复执行上一步操作；

Cut，Copy，Paste：用于剪切、复制、粘贴操作；

Paste Special：用于特写内容的粘贴；

Select All：用于全部选择；

Delete：用于删除、查找所选择的对象；

Find，Find Files：用于查找所需的文件；

Clear Command Window，Clear Command History，Clear Workspace：清除命令窗口区的对象、历史记录、工作区的对象。

（3）Debug 菜单项 此菜单项的内容如下：

Open M-Files when Debugging：用于调试时打开 M 文件；

Step：单步调试程序；

Step In，Step Out：单步调试进入子函数、从子函数中跳出；

Continue：程序执行到下一断点；

Clear Breakpoints in All Files：清除打开文件的所有断点；

Stop if Errors/Warnings：在程序出错或报警处停止运行；

Exit Debug Mode：退出调试模式。

（4）Desktop 菜单项 单击 Desktop 主菜单项可同时按下〈ALT + D〉组合键。

Desktop Layout：将命令窗口变为全屏显示，并设为当前活动窗口；

单击该项后，弹出子菜单：Default（系统默认设置）、Command Window Only（单独命令窗口）、History and Command Window（命令窗口和历史窗口）、All Tabbed（全部标签显示）；

Save Layout：保存选定的工作区设置；

Organize Layouts：管理保存的工作区设置；

Command Window，Command History，Current Directory，Workspace，Help：命令窗口、历史窗口、当前路径窗口、工作空间窗口、帮助窗口；

Toolbar：显示或隐藏工具栏选项；

Shortcuts Toolbar：显示或隐藏快捷方式选项；

Titles：显示或隐藏标题栏选项。

（5）Help 菜单项 单击 Help 主菜单项可同时按下〈ALT + H〉组合键。

Full Product Family Help：显示所有 MATLAB 新产品的帮助信息；

MATLAB Help：启动 MATLAB 的帮助信息；

Using the Desktop：启动命令窗口的帮助；

Using the Command Window：显示相关的资源网址；

Web Resources：检查软件是否更新；

Demos：调用 MATLAB 所提供的范例程序；

About MATLAB：显示有关 MATLAB 的信息。

2. 工具栏

工具栏是 MATLAB 为用户提供的常用命令的快捷方式。

单击将用 MATLAB 的 M 文件编辑调试器打开一个新文件；

单击将用 MATLAB 的 M 文件编辑调试器打开已存在的 M 文件；

单击把选中的文本剪切到剪贴板中；

单击将复制剪贴板的内容到指定位置；

单击将复制剪贴板的文本到命令窗口；

单击将撤消最近一次的操作；

单击将恢复最近一次的操作；

单击将打开 Simulink 库浏览器；

单击将打开 MATLAB 的帮助窗口。

3. MATLAB 主窗口

在桌面平台默认设置下，主窗口主要包含四个窗口：“Command Window”、“Current Directory”、“Command History” 与 “Workspace”。

（1）MATLAB 命令窗口（Command Window）　MATLAB 的命令窗口如图 2-3 所示。它用于 MATLAB 命令的交互式操作，具有两大主要功能：提供用户输入命令的操作平台，用户通过该窗口输入命令和数据；提供命令执行结果的显示平台，该窗口显示命令执行的结果。

在计算机内安装好 MATLAB 之后，双击 MATLAB 图标，就可进入命令窗口，此时意味着系统准备接收命令的状态，可以在命令窗口中直接输入命令语句。

（2）MATLAB 的历史窗口（Command History）　在主窗口的“View”菜单下选择“Command History”命令，可以打开或关闭 MATLAB 的历史窗口。在默认设置下，历史窗口会自动安装起所有命令的历史记录，并标明使用时间，大大方便了用户的查询。命令历史窗口如图 2-4 所示。双击某一行命令，即在命令窗口中执行该命令；单击某一行命令并拖动到命令窗口，再按回车键，也可执行该命令。

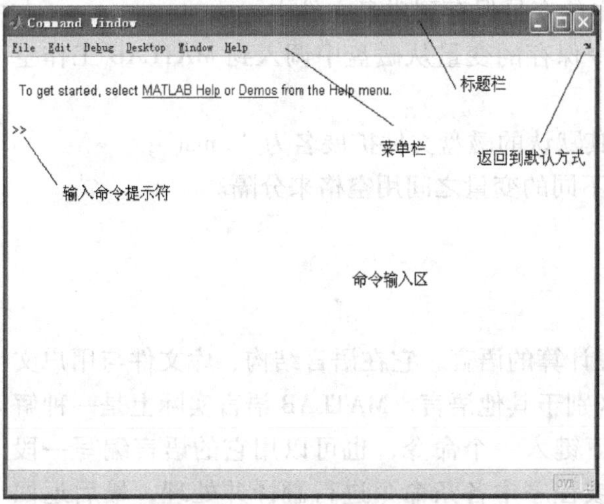

图 2-3　MATLAB 的命令窗口

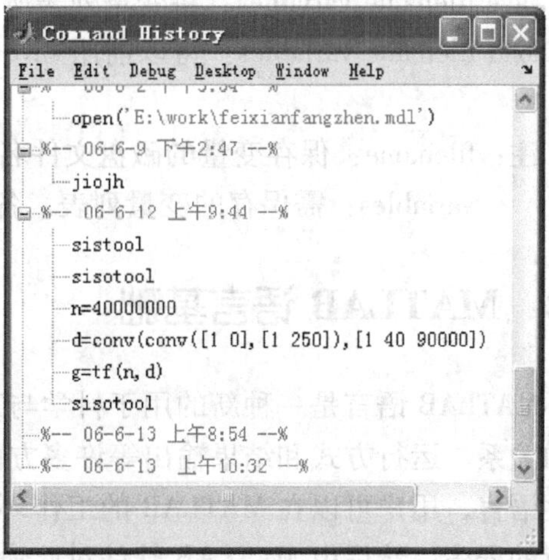

图 2-4　命令历史窗口

（3）当前目录窗口（Current Directory） 在主窗口的“View”菜单下选择“Current Directory”命令，可以打开或关闭MATLAB的当前目录窗口，如图2-5所示。在当前目录窗口中可以显示和改变当前目录，还可以显示当前目录下的文件并提供搜索功能。

（4）工作空间管理窗口（Workspace） 在主窗口的“View”菜单下选择“Workspace”命令，可以打开或关闭MATLAB的工作空间管理窗口，如图2-6所示。工作空间管理窗口是MATLAB的重要组成部分。在工作空间管理窗口中将显示所有目前内存中的MATLAB变量名、数据结构、字节数以及数据类型。不同的变量类型分别对应不同的变量名图标。

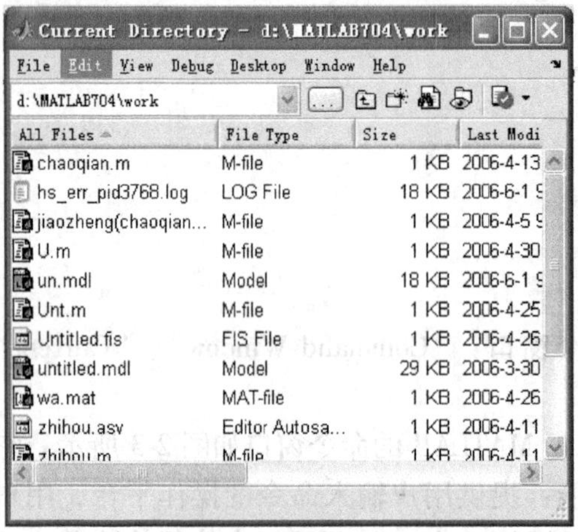

图2-5 当前目录窗口

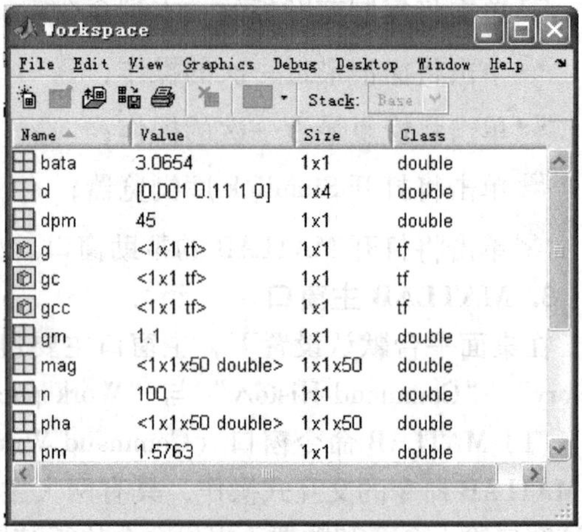

图2-6 工作空间管理窗口

MATLAB的工作空间包含了一组可以在命令窗口中调整（调用）的参数，可利用工作空间操作命令，其各自的功能描述如下：

who：显示当前工作空间中所有变量的一个简单列表；

whos：列出变量的大小、数据格式等详细信息；

clear：清除工作空间中所有的变量；

clear 变量名：清除指定的变量；

save filename variables：将变量列表所列出的变量保存到磁盘文件中；

load filename variables：将以前用save命令保存的变量从磁盘中调入到MATLAB工作空间。

注：filename：保存变量的磁盘文件名，其默认的磁盘文件扩展名为“.mat”；

variables：需保存的变量列表，各个不同的变量之间用空格来分隔。

2.2 MATLAB语言基础

MATLAB语言是一种新的用于科学与工程计算的语言，它在语言结构、库文件与用户文件的关系、运行方式和结果输出等许多方面区别于其他语言。MATLAB语言实际上是一种解释性语言，用户可以在MATLAB的工作环境下键入一个命令，也可以用它的语言编写一段相应的程序，然后由MATLAB软件对此命令或程序中各条命令进行翻译并处理，最后返回结果。

2.2.1　MATLAB 语言的基本结构

1. MATLAB 语言的典型结构

MATLAB 语言的典型结构为

MATLAB 语言 = 窗口命令 + M 文件

窗口命令就是 MATLAB 的工作指令，在此环境下输入的 MATLAB 语句，就称为窗口命令。本命令可以直接执行，完成相应的语句功能。

2. MATLAB 基本语句结构

MATLAB 以复数矩阵为最基本的运算单元，既可对整体进行运算，也可以对某个或某些元素进行单独处理，操作起来十分方便。

MATLAB 语言最基本的赋值语句的结构为

变量名列表 = 表达式（函数调用）

其中等号左边的变量名列表为 MATLAB 语句的返回值；等号右边的表达式可以是矩阵运算，也可以是 MATLAB 的函数调用。

MATLAB 的函数调用命令格式一般为

[输出参数 1，输出参数 2，……] = 函数名（输入参数 1，输入参数 2，……）

输出参数使用方括号，而输入参数使用圆括号。如果输出量仅有一个，可不使用括号。

2.2.2　MATLAB 的数值类型

MATLAB 是一门计算语言，它的运算指令和语法基于一系列基本的矩阵运算以及它们的扩展运算，它支持数值元素是复数，这也是 MATLAB 区别于其他高级语言的最大特点之一，它给许多领域的计算带来了极大的方便。因此，为了更好地利用 MATLAB 语言的优越性和简捷性，就需要对 MATLAB 的数值类型、数组矩阵的基本运算、符号运算、关系运算和逻辑运算进行介绍。

1. MATLAB 的变量类型

（1）通用变量　通用变量是任何程序设计语言的基本元素之一。与常规的程序设计语言不同的是，MATLAB 语言并不要求对所使用的变量进行事先声明，也不需要指定变量类型，它会自动根据所赋予变量的值或对变量所进行的操作来确定变量的类型。当用户在 MATLAB 命令窗口内赋予一个新的变量时，MATLAB 会自动为该变量分配适当的内存；若用户输入的变量已经存在，则 MATLAB 将使用新输入的变量替换原有的变量。

MATLAB 的变量命名如下：

☆　变量名应以字母开头，可以由字母、数字和下划线混合组成；

☆　组成变量名的字符长度不应大于 31 个；

☆　与 C 语言相同，变量名应区分字母大小写。

与其他的程序设计语言相同，MATLAB 语言中也存在变量作用域的问题。使用 MATLAB 进行编程时，有时会需要某个变量作用于多个函数上。这时只需将该变量声明为全局变量，即在该变量前添加关键字“global”。

全局变量必须在使用前声明，而且作为一个约定俗成的规则，MATLAB 程序员应尽量用大写字母书写全局变量，尽管这不是必需的。

（2）常变量　常变量也称固定变量，是指那些在 MATLAB 中已预先定义其数值的变量，这些特殊变量称为常变量。在 MATLAB 中，经常使用一些常变量，见表 2-1。

表 2-1　MATLAB 中的常变量

变量名	说明	变量名	说明
i 或 j	虚数单位定义为 $\sqrt{-1}$	inf	无穷大
pi	圆周率	NaN	Not-a-number 表示不定值 0/0
eps	浮点相对精度	nargin	函数实际输入参数个数
realmin	最小的正实数	nargout	函数实际输出参数个数
realmax	最大的正实数		

2. MATLAB 的数据格式

MATLAB 为用户提供的数据格式见表 2-2。

表 2-2　MATLAB 中提供的数据格式

数据格式	解释	数据格式	解释
Short	短格式	Short G	短格式紧缩格式
Long	长格式	Long G	长格式紧缩格式
Hex	十六进制格式	Rational	有理数格式
Short E	短格式指数格式	Long E	长格式指数格式
Loose	稀疏格式	Bank	金融格式

例如对于 1.333 这个数而言，输出下列格式：

短格式　1.333　　长格式　1.333333333333333

短格式指数格式1.333e+000　　长格式指数格式1.333333333333333e+000

短格式紧缩格式1.333　　长格式紧缩格式1.3333333333333

十六进制格式　3FF5555555555555　　稀疏格式　1.3333

有理数格式　4/3　　金融格式　1.33

用户可以利用 MATLAB 命令窗口中的菜单命令设置数据格式。执行“File”菜单的“Preferences”命令，打开参数设置对话框。通过参数设置对话框，用户可以设置 MATLAB 工作环境的外观和操作的相关属性。

单击“General”选项卡，用户可以设置 MATLAB 的数据格式、编辑器以及帮助文件所在目录等。

除了使用参数设置对话框对数据格式进行设置以外，MATLAB 还为用户提供了一条命令，用以直接对数据格式进行设置。该命令的用法是在命令窗口的提示符后输入命令“format”，接着输入用户需要的数据格式。

例如：输入 y = [165789 0.0000258]。

format long e　%设置数据格式命令

输出结果为：y =

　　1.657890000000000e+005　2.580000000000000e-005

3. MATLAB 的数据类型

MATLAB 下的数据类型最大的特点是每一种类型都以数组为基础，都是从数组派生出来的，MATLAB 事实上把每一种类型的数据都作为数组处理。

MATLAB 下有六种数据类型：

双精度数值（double）　字符（char）　稀疏数据（sparse）

存储型（storage）　单元数组（cell）　结构（struct）

其中存储型是一个虚拟数据类型，这是 MATLAB 5.3 版本中新增的定义。它包括 int8（8 位整数），uint8（无符号 8 位整数），int16（16 位整数），uint16（无符号 16 位整数），int32（32 位整数），uint32（无符号 32 位整数）。

4. 规定的文件格式

用户可以通过给文件名和变量名指定附加标记来控制存储数据的格式。MATLAB 中提供的文件格式的附加标记见表 2-3。

表 2-3　MATLAB 中提供的文件格式的附加标记

文件格式的附加标记	解　释
—mat	使用二进制 MAT 文件格式
—ascii	使用 8 位 ASCII 格式
—ascii-double	使用 16 位 ASCII 格式
—v4	使用 MATLAB 4 格式
—append	将数据添加到已存在的 MAT 文件中

2.2.3　基本操作命令

1. 通用操作指令

除了通过菜单选项对工作窗进行控制外，MATLAB 还提供了许多通过键盘输入的控制指令。MATLAB 中命令窗口的控制指令见表 2-4。

表 2-4　MATLAB 中命令窗口的控制指令

指　令	解　释	指　令	解　释
quit	关闭和退出 MATLAB	cd	改变当前工作子目录
clc	擦除 MATLAB 工作窗中的所有显示内容	disp	（在运行中）显示变量或文字内容
clf	擦除 MATLAB 的当前图形窗中的图形	type	显示所指定文件的全部内容
clear	清除内存中的变量和函数	echo	控制运行文件指令是否显示的开关
pack	收集内存碎块以扩大内存空间	hold	控制当前图形窗对象是否被刷新
dir	列出指定目录下的文件和子目录清单	who	查看工作空间中的所有变量

2. 指令行的编辑命令

启动 MATLAB 后，就可以利用 MATLAB 工作。由于 MATLAB 是一种交互式语言，随时输入指令、及时给出运算结果是它的主要工作方式之一。

例如用户想计算 $2\sin(0.3\pi)/(1+\sqrt{5})$ 的值，则应在光标位置依次键入以下字符：

```
>>2 * sin(0.3 * pi)/(1 + sqrt(5))
```

然后按〈Enter〉键，该指令便被执行并给出以下结果：

ans =

0.5000

在此，主要介绍控制光标位置、对指令进行编辑的一些常用操作键。MATLAB 中的光标控制键见表 2-5。

表 2-5 MATLAB 中的光标控制键

键名	作用	键名	作用
↑	前寻式调回已输入过的指令行	Home	使光标移到当前行的首端
↓	后寻式调回已输入过的指令行	End	使光标移到当前行的尾端
←	在当前行中左移光标	Delete	删除光标右边的字符
→	在当前行中右移光标	Backspace	删除光标左边的字符
PageUp	前寻式翻阅当前窗中的内容	Esc	清除当前行的全部内容
PageDown	后寻式翻阅当前窗中的内容		

2.3 MATLAB 程序设计基础

MATLAB 是一种高效的编程语言。MATLAB 语言为解释性程序设计语言，对程序中的语句边解释边执行。在命令窗口中，输入任何一个语句后按〈Enter〉（回车）键即可执行，故又把语句称为命令。MATLAB 语句由表达式语句、赋值语句、控制语句、调试语句和空语句组成，和其他高级语言一样由三种基本控制结构所构成。

2.3.1 编程环境

MATLAB 提供了一个程序编辑/调试器，MATLAB Editor/Debugger 编辑/调试器的界面如图 2-7 所示。在 MATLAB 的命令窗口中有三种方式可进入到程序编辑/调试器。

1）选择菜单栏的“File”项中的“New”或“Open”项；

2）单击工具栏上的 🗋 或 📂 项；

3）在命令窗口中输入“edit”。

在 MATLAB 提供的编辑/调试器中，用户可以创建自己的 M 文件。在编辑/调试器里，不同的文本内容分别用不同颜色的字体显示出来，这种颜色设置非常醒目，便于调试。其中

蓝色：MATLAB 的关键字，如 for，if，end 等。

绿色：程序语句的注释语句，“%”以后的语句为注释语句。

红色：字符串，单引号里的内容。

黑色：程序文本。

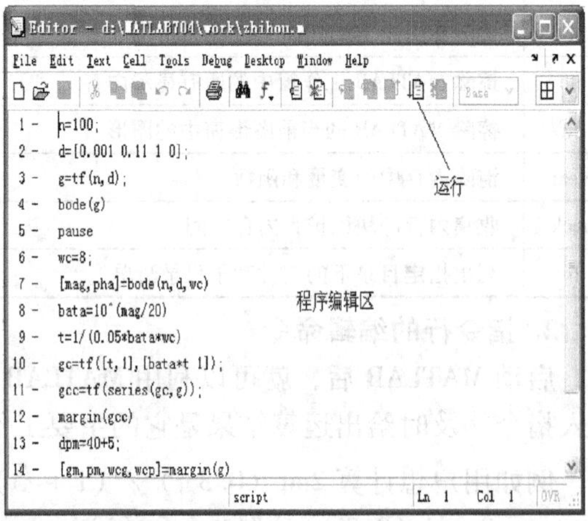

图 2-7 MATLAB 编辑/调试器

2.3.2　程序设计原则

MATLAB 程序设计可以在 MATLAB 的编辑/调试器里进行，在编辑/调试器窗口能够简单方便、快捷高效地编辑与调试程序。

MATLAB 程序书写格式与函数的结构类似，也比较简单。

程序的基本结构组成示意如下：

%：说明；
消除命令：清除 Workspace 中的变量和图形（clear）；
定义变量：包括全局变量的声明及参数值的设定；
命令体：MATLAB 提供的指令或工具箱提供的专用命令（包括结构语句）；
绘图命令：将运算结果以图形方式显示出来。

MATLAB 程序的基本设计原则如下所述：

1)% 后面的内容是注释语句，要善于运用注释使程序更具有可读性。

2）主程序开头一般要用 clear 指令清除变量，以消除工作空间中其他变量对程序运行的影响，但注意不要在子程序中使用 clear 命令。

3）参数值要集中放在程序的开始部分，以便于维护。要充分利用 MATLAB 工具箱提供的命令来执行所要进行的运算，在语句行之后输入分号使其中间结果不在命令窗口显示，以提高运行速度。

4）程序尽量模块化，即采用主程序调用子程序的方法，将所有子程序合并在一起来执行全部的操作。

5）充分利用 Debugger 来进行程序的调试（设置断点、单步运行、连续执行等调试命令）。

2.3.3　程序流程控制

MATLAB 程序有顺序、分支和循环等程序结构以及子程序结构。

1. M 文件

M 文件是指用户采用 MATLAB 语言或其他任何文字处理软件编写的扩展名为“.m”的可在 MATLAB 命令窗口中运行的程序。M 文件有两种形式：程序文件和函数文件。

(1) 程序文件　当完成一个功能需要若干条命令时，可以把这些命令放在一起，也就是一系列专门的命令的集合，存储在一个程序文件中。在 MATLAB 命令窗口中的提示符下，输入程序文件名回车即可执行这些文件，文件总的命令是按整体工作空间的数据进行运算的，如果变量已存在，在运行中重新定义，变量将按照新定义值改变，在文件中所用到的变量需要在工作空间中事先定义或者在文件中重新定义。这类文件在 MATLAB 的工作环境下运行时将给出最终的结果而不是等待输出，当文件执行完毕时，其参加运算的变量是全局变量，并保存在工作空间中。

(2) 函数文件　把重复进行操作的程序文件封装成函数文件，以供用户调用。在函数文件中，定义的所有变量都是内部变量，函数执行完后全部消失，通过工作空间传递的变量仅仅分配给输出参数。函数式文件包括基本函数和功能函数。基本函数是一些基本的数学函数、字符与字符串函数、输入与输出函数等；功能函数则有其专门的功能，这种函数也称为

工具箱（Toolbox），放在MATLAB Toolbox子目录下。函数式文件需要专门语句来引导，其格式为

```
function [返回变量表] =函数名（输入变量列表）
  % 注释语句
  函数体语句
```

调用函数文件的格式为

```
[返回变量表] =函数名（输入变量列表）
```

注意：两个函数名必须一致。函数体内的所有变量均为局部变量，即在函数返回之后，变量会自动清除。

2. 程序流程控制语句

MATLAB程序设计通过利用顺序、选择、循环三个基本控制结构，实现各种不同的程序功能。MATLAB提供的顺序、选择、循环三个基本控制结构中，常使用的有if条件分支语句、switch开关分支语句、for循环语句、while循环语句等。

（1）MATLAB的循环语句　在MATLAB中可以使用两种循环语句：for语句和while语句。其基本格式为

for语句：

```
for  循环变量=起始值:增量:终止值
     循环体
end
```

MATLAB中的for循环语句，指定循环次数。该语句的执行规则是：for循环语句的第一次循环先将循环变量的起始值赋值给循环变量，然后执行“for”与“end”之间的循环体；第二次循环则将循环变量的当前值与一个步长之和赋值给循环变量，再执行“for”与“end”之间的循环体，直到循环变量的值等于或超过终止值，循环便结束，终止系统的控制转向循环语句之后的语句。

增量的默认值为1。增量可以在正负实整数范围内任意定义，对于正整数增量，循环变量的值大于终止值时，循环结束；对于负整数增量，循环变量的值小于终止值时，循环结束。

除此之外，还需要说明：for循环语句的循环变量可以是一个数组；for循环语句可以嵌套使用；for循环语句的循环体内对循环变量的重新赋值不会终止循环的执行也不会改变循环执行的结果；for循环语句可被等价的数组运算替代；为了提高运行效率，对循环体内所使用的数组应该预先分配其内存单元。

while语句：

```
while  条件表达式
       循环体
end
```

while循环语句的执行规则为：若表达式值为真，则执行循环体，执行后再判断表达式是否为真，若表达式值为真，则继续执行循环体，直到判断表达式为假时，则跳出循环体，继续向下执行。

与for循环语句不同的是：for循环允许一组命令以固定的和预定的次数重复，而while

循环语句以不定的次数执行循环体求一组语句的值，如果循环体的执行不改变 while 后面的表达式的逻辑值，则这个循环将会是一个死循环。

在 MATLAB 语言中，循环体的内容是以 for（while）和 end 两个语句括起来的。两种结构的循环语句允许多级嵌套，两者之间也允许相互嵌套。

（2）MATLAB 的条件转移语句　MATLAB 的条件语句有 if 语句和 switch 语句两种。

MATLAB 还提供了各种条件转移语句的结构，使得 MATLAB 语言更易于使用，这种逻辑由某种 if-else-end 结构来提供。if 条件分支语句为程序流程控制提供了一种条件分支结构。if 条件分支语句有三种格式，这三种格式均以“if”开头，以“end”结束。其格式为

```
if （逻辑表达式）
    语句组
end
```

if-end 语句分支执行规则为：计算 if 后面的逻辑表达式的值，当逻辑表达式的值为真时，则执行该结构中的语句，执行完之后继续向下运行；反之则跳过结构中的语句而继续向下执行。

if-else-end 格式和 if-elseif 格式为

if　　（条件表达式） 　　　语句组 1 else 　　　语句组 2 end	if　　　（条件表达式 1） 　　　　语句组 1 elseif　（条件表达式 2） 　　　　语句组 2 else 　　　　语句组 3 end

if-else-end 格式的执行规则为：如果条件表达式的值为真，则执行该结构中的语句组 1 的内容，然后跳过语句组 2 向下运行；反之则执行语句组 2，然后继续向下执行。

if-elseif 格式的执行规则为：如果条件表达式 1 的值为真，则执行该结构中的语句组 1 的内容；反之判断条件表达式 2 的值是否为真，如果为真，则执行语句组 2，否则执行语句组 3，然后向下执行。

MATLAB 中的条件语句还有 switch 语句。

switch 语句的格式为

```
switch  表达式（标量或字符串）
     case  值 1
           语句 1
     case  值 2
           语句 2
     ……
     otherwise
           语句 3
end
```

其执行规则为：判断表达式的值与哪个 case 的值相同，就执行那个 case 中的语句；如果表达式的值与所列出的所有的 case 的值都不相同，则执行 otherwise 后面的语句。在 switch 开关分支语句中也可以不包括 otherwise，这时如果表达式的值和列出的每种情况都不同，则继续向下执行。

（3）MATLAB 程序流程控制指令　MATLAB 程序的语句流程除了由分支选择结构和循环结构来进行控制外，还有几个程序控制流程指令。

1）break（）函数指令。break（）函数指令的作用是中断循环语句的执行。中断的循环语句可以是 for 语句，也可以是 while 语句，当满足在循环体内设置的条件时，可以通过使用 break 函数指令使之强行退出循环，而不是达到循环终止条件时再退出循环。对于嵌套的循环结构，break 函数指令只能退出包含它的最内层循环。

例如：计算介于 $10^5 \sim 10^6$ 之间 $n!$ 数值的大小及其阶数。

程序编制如下：

```
n=1;
while prod(1:n) <1e100
      if prod(1:n) > 1e5 & prod(1:n) <1e6
         break
      end
    n=n+1;
end
prod(1:n)
n
```

程序运行后，求得介于 $10^5 \sim 10^6$ 之间 $n!$ 数值的大小及其阶数为

```
ans =362880
n =9
```

2）return（）函数指令。return（）函数指令的作用是中断函数的运行，返回到上级调用函数。return（）函数指令既可以用在循环体内，也可以用在非循环体内。

3）pause（）函数指令。pause（）函数指令是暂停指令。运行程序到 pause 函数指令执行后，程序将暂停，先等待用户按任意键后指令继续执行。pause（n）命令将使程序暂停 n 秒；pause off 的功能为其后的任何暂停语句无效；pause on 的功能为其后的暂停命令有效。

（4）常用交互式命令　MATLAB 有几个命令能够使得程序具有交互性，使用这些命令有助于调试程序。下面简单讨论这些命令的功能。

1）keyboard。该命令将停止执行 M 文件，把控制权交予键盘，可以观察与改变所有变量。输入 return 并按下〈Enter〉（或回车）键，将允许 M 文件继续执行。该命令对于调试程序是很有用的。

2）x=input（'prompt'）。input 命令把输入的字符串作为提示符，等待使用者输入一个响应，然后把它赋值到 x。正是这个 input 命令使得用户能够建立一个具有交互功能的程序。

3）exit。该命令的功能是检查工作空间的变量或 MATLAB 路径中的文件是否存在。结果是 1 时，表示该变量存在于工作空间；结果是 2 时，表示文件存在于 MATLAB 路径中；否则结果为 0。

2.4　MATLAB 矩阵运算

MATLAB 软件的最大特色是强大的矩阵功能，在 MATLAB 软件中，所有的计算都是以矩阵为单元进行的，可见矩阵是 MATLAB 的核心。

2.4.1　基础知识

1. 输入简单的矩阵

在 MATLAB 中，一个矩阵既可以是普通数学意义上的矩阵，也可以是标量或向量。对于标量（一个数）可以将之作为 1×1 矩阵，而向量（一行或一列数）则可以认为是 $1\times n$ 或 $n\times1$ 矩阵。使用 MATLAB，不仅能够进行实数矩阵的运算，而且还可以进行复数矩阵的运算。

矩阵可以用几种不同的方式输入到 MATLAB 语言中去。在 MATLAB 语言中不必描述矩阵的维数和类型，它们是由输入的格式和内容来确定的。

（1）以直接列出元素的形式输入　输入小矩阵最简单的方法是使用直接排列的形式，把矩阵的元素直接排列到方括号中。每行内的元素间用空格或逗号分开，行与行的内容间用分号隔开。例如输入

```
A = [1 2 3; 4 5 6; 7 8 9]        或      A = [1, 2, 3; 4, 5, 6; 7, 8, 9]
```

都将得到输出结果

```
A =
     1  2  3
     4  5  6
     7  8  9
```

大的矩阵可以分行输入，用回车键代替分号。这样的输入形式更接近于平时使用矩阵的数学格式。如

```
A = [1  2  3
     4  5  6
     7  8  9]
```

输入后 A 矩阵将一直保存在工作空间中，除非被替代或清除，A 矩阵可以随时被调出来。

（2）通过特定函数产生　MATLAB 为用户提供了四个能够产生基本矩阵的函数。

① zeros 函数，该函数能够产生元素全为 0 的矩阵。其格式为变量名 = zeros（行，列）。

② ones 函数，该函数能够产生元素全为 1 的矩阵。其格式为变量名 = ones（行，列）。

③ rand 函数，该函数能够产生统一分布随机元素的矩阵。其格式为变量名 = rand（行，列）。

④ randn 函数，该函数能够产生正态分布随机元素的矩阵。其格式为变量名 = randn（行，列）。

除了上述几个函数以外，MATLAB 还为用户提供了一些产生特殊矩阵的函数。

- magic 函数（自动产生一个 N 阶的特殊方阵）
- diag 函数（利用原有矩阵对角线产生一个向量矩阵）

- eye 函数（指定行、列的单位阵）
- size 函数（返回矩阵的行数和列数）

（3）建立在 M 文件中　用户可以通过建立 M 文件来完成矩阵的输入。M 文件实际上是一种包含 MATLAB 代码的文本文件。例如建立一个 B. M 的文件，其内容为

```
B =[9  8  7
    6  5  4
    3  2  1]
```

则在工作环境中使用 B 命令就可以调出 B 矩阵。

如果将该文件存为 smpl. m 后，当用户在 MATLAB 命令窗口内输入“smpl”时，窗口上将会显示用户所创建的矩阵。

（4）从外部的数据文件中装入　用户可以通过“load”命令加载外部数据文件创建矩阵。例如

A = [1.0, 2.0, 3.0, 4.0; 5.0, 6.0, 7.0, 8.0; 9.0, 10.0, 11.0, 12.0]

用户先将所需数据输入到某一变量 A 中，可以使用命令 save A，将该文本存为 A. mat 文件。然后使用时只需要输入命令 load A 即可。

2. MATLAB 的函数

MATLAB 中的函数是指那些能够接受并输出参数的 M 文件。在 MATLAB 中，函数名和 M 文件名可以是相同的，但函数对变量的操作在其函数内部，这种操作与 MATLAB 在工作空间中对变量的操作性质是不同的。MATLAB 函数是系统根据需要编制好了的，提供用户使用的函数。用户使用它们时，只要写出函数名，无需再编写该函数的程序。

（1）数学函数　常用的数学函数包括基本数学函数、专用数学函数、矩阵函数、特殊数学函数、数论函数及坐标变换函数等。

MATLAB 中提供的基本数学函数见表 2-6。

表 2-6　MATLAB 中提供的基本数学函数

函数名	解释	函数名	解释	函数名	解释
sin	正弦	log10	以 10 为底的对数	exp	e 的指数
asin	反正弦	ceil	朝正无穷（）方向取整	log	自然对数
cos	余弦	floor	朝负无穷（）方向取整	abs	绝对值或复数根
acos	反余弦	fix	朝零方向取整	sqrt	开平方
tan	正切	yound	四舍五入到最接近整数	real	实部
atan	反正切			imag	虚部

（2）绘图函数　MATLAB 的绘图功能是非常强大的。MATLAB 为用户提供了许多用于二维图形、三维图形以及特殊图形的绘图函数。后面将介绍最基本的绘图函数。

（3）多项式函数　MATLAB 提供了标准多项式运算的函数，如多项式求根、求值和微分等。

（4）数据分析函数　MATLAB 提供了很多数据分析函数，例如求取最大值、最小值、标准方差等。

（5）外部函数　外部函数也称工具箱函数，用于解决不同领域的问题。由于 MATLAB 中的函数数量巨大、功能各异，因此不可能对每个函数的功能和特点都进行详细介绍。

2.4.2　矩阵运算

矩阵运算是 MATLAB 的基础。MATLAB 语言处理矩阵的能力是极强的。

1. 运算符

MATLAB 的运算符有算术运算符、逻辑运算符、关系运算符、特殊操作符。

（1）算术运算符　MATLAB 中提供的算术运算符见表 2-7。

表 2-7　MATLAB 中提供的算术运算符

操作符	解释	操作符	解释
+	加	-	减
*	矩阵乘	.*	数组乘
^	矩阵乘方	.^	数组乘方
\	矩阵左除	.\	数组左除
/	矩阵右除	./	数组右除

对于矩阵来讲，左除和右除表示两种不同的除数矩阵和被除数矩阵的关系。对于标量，两种除法运算的结果相同，如 1/4 和 4 \ 1 有相同的值，都等于 0.25。

A 矩阵与 B 矩阵：A/B = A * inv（B）；A \ B = inv（A） * B

（2）关系运算符　MATLAB 中提供的关系运算符见表 2-8。

表 2-8　MATLAB 中提供的关系运算符

操作符	解释	操作符	解释
= =	等于	<	小于
~ =	不等于	> =	大于等于
>	大于	< =	小于等于

（3）逻辑运算符　MATLAB 中提供的逻辑运算符见表 2-9。

表 2-9　MATLAB 中提供的逻辑运算符

操作符	解释
&	逻辑和
|	逻辑或
~	逻辑非

（4）特殊操作符　MATLAB 中提供的特殊操作符见表 2-10。

表 2-10　MATLAB 中提供的特殊操作符

操作符	解释	操作符	解释
:	冒号，在 MATLAB 中非常重要	…	用于语句行尾端表示该行未完
;	分号，用于分割行	.	小数点或域访问符
,	逗号，用于分割列	!	用于调用操作系统命令
( )	圆括号，指出在算术表达式中先后次序	=	用于赋值
[ ]	方括号，用于构成向量和矩阵	{ }	大括号，用于构成单元数组

下面对几个比较重要的特殊操作符作进一步介绍。

① 冒号（:）。冒号是 MATLAB 最重要的运算符之一，也是 MATLAB 最常用的运算符

之一。冒号可用于以下几个方面：

★冒号可以用来输入行向量。

冒号表达式的一般形式为 s1：s2：s3，其中 s1 为起始值，s2 为步长，s3 为终止值。使用这样的命令就可以产生一个由 s1 开始，以步长 s2 自增，并终止于 s3 的行向量。步长可为正增量或负增量。例如：

```
a = (1:2:20)
a = [1  3  5  7  9  11  13  15  17  19]
b = (20: -2:1)
b = [20  18  16  14  12  10  8  6  4  2]
```

★冒号能够从向量、矩阵和数组中挑选出指定的元素、行和列。

a（1：n，m）表示 a 矩阵的第 m 列 1：n 行的全部元素，而 a（n，1：m）表示 a 矩阵第 n 行的 1：m 列的全部元素。

同理可得，使用冒号能够从大矩阵中抽取小矩阵。

```
a = [0.2311   0.7621   0.4447   0.7382   0.9169
     0.6068   0.4565   0.6154   0.1763   0.4103
     0.4860   0.0185   0.7919   0.4057   0.8936
     0.8913   0.8214   0.9218   0.9355   0.0579]
a (1:4,3)
  0.4447
  0.6154
  0.7919
  0.9218
 a(2,1:5)
   0.6068   0.4565   0.6154   0.1763   0.4103
```

★冒号还可以用来产生简单的表格。（略）

由于 MATLAB 提供了丰富的冒号运算，所以用户可以从给出的矩阵中容易地获得子矩阵，这样处理的速度比用循环语句来赋值的方式快得多，所以在实际编程时应尽量采用这种赋值方法。

② 分号（;）。分号除了在矩阵中用来分隔行以外，如果出现在一条语句的末尾，没有按回车键，则说明除了这条语句外，还有语句等待输入。这时 MATLAB 将不给出运行的中间结果，当所有语句输入完毕，回车后，将显示最终的结果。

③ 方括号（[ ]）。除了用方括号输入矩阵外，还可以用方括号删除矩阵的行或列。例如上述 a 矩阵：

```
a (:, 3) = []
ans =
        0.2311   0.7621   0.7382   0.9169
        0.6068   0.4565   0.1763   0.4103
        0.4860   0.0185   0.4057   0.8936
        0.8913   0.8214   0.9355   0.0579
```

④　省略号（…）。在输入程序时经常会遇到较长的命令行而在一行中无法输入该命令行。此时，可以在未完的语句末端输入三个点“…”来表示下一行继续输入。

例如：s = 1-1/2 + 1/3 − 1/4 + 1/5 − 1/6 + 1/7…

　　　　− 1/8 + 1/9 − 1/10 + 1/11-1/12

2. 矩阵运算

（1）向量的生成

1）利用冒号（:）生成向量。冒号是 MATLAB 中最有用的算子之一，它不仅可以用来作为数组下标，对数组元素进行引用、增加和删除，还可以用来生成均匀等分向量。

2）利用函数生成向量。linspace 函数生成线性等分向量，它的功能类似于冒号算子，但是它不像冒号算子那样，根据给定的起始值、增量和终止值那样控制生成向量的元素的个数，而是直接给出元素的个数，从而给出各个元素的值。利用函数生成的所有参数均为标量。

linspace 函数格式为：变量 = linspace（初值，终值，元素个数）

logspace 函数生成对数等分向量，它和 linspace 函数一样直接给出元素的数目生成向量。元素个数的默认值为 50。

logspace 函数格式为：变量 = logspace（初值，终值，元素个数）

（2）矩阵转置　矩阵的转置用符号“′”（单引号）来表示和实现。

```
a = [1 2 3; 4 5 6; 7 8 9]
b = a′
b =       1  4  7
          2  5  8
          3  6  9
```

（3）矩阵的翻转　MATLAB 提供了一些矩阵翻转处理的特殊命令。

矩阵的左右翻转函数为：fliplr ( )，即 $b_{ij} = a_{i,n+1-j}$。

矩阵的上下翻转函数为：flipud ( )，即 $b_{ij} = a_{m+1-i,j}$。

矩阵旋转 90°函数为：rot90 ( )，即 $b_{ij} = a_{j,n+1-i}$。

例如：

```
a = [1 2 3;4 5 6;7 8 9]
a = 1  2  3
    4  5  6
    7  8  9
```

```
b = fliplr(a)          c = flipud(a)          d = rot90(a)
b = 3  2  1            c = 7  8  9            d = 3  6  9
    6  5  4                4  5  6                2  5  8
    9  8  7                1  2  3                1  4  7
```

（4）矩阵加减运算　矩阵的加减运算使用的是“+”和“−”运算符。

假设在 MATLAB 工作环境下有两个矩阵 **A** 和 **B**，则可由下面的命令执行矩阵加减法：

$$C = A + B \qquad C = A - B$$

若 ***A*** 和 ***B*** 矩阵的维数相同，则可以执行矩阵的加减法，它会自动地使得 ***A*** 和 ***B*** 矩阵的相应元素相加减。如果 A 与 B 的维数不匹配，则 MATLAB 将自动地给出错误信息，提示用户两个矩阵的维数不匹配。

（5）矩阵乘法　矩阵乘法用“ * ”表示。当两矩阵中前一矩阵的列数和后一矩阵的行数相同时，可以进行乘法运算，这与数学上的形式是一致的。

假设有两个矩阵 A 和 B，其中 A 矩阵的列数与 B 矩阵的行数相等，则称 A 与 B 矩阵是可乘的，或称 A 和 B 矩阵维数相容。

假设 A 矩阵为 $n \times m$，B 矩阵为 $m \times r$，则 $C = n \times r$ 矩阵。

$$C = \sum_{k=1}^{m} \mathrm{a}_{ik} \mathrm{b}_{kj}$$

其中，$i = 1, 2, \cdots, n$；$j = 1, 2, \cdots, r$。

在 MATLAB 下，矩阵 A 和 B 的乘积可以简单地由运算 $C = A * B$ 求出。

（6）矩阵的其他运算　MATLAB 还提供了矩阵开平方解 sqrtm（）、矩阵的指数解 expm（）、矩阵的对数解 logm（）等。

（7）建立矩阵的函数

1）eye（size（A）），产生与 A 矩阵同阶的单位矩阵。

2）zeros（阶数）、ones（阶数），产生 0 矩阵和 1 矩阵。

3）rand（行数，列数），产生随机元素的矩阵。

4）diag（）、triu（）、tril（），提供对角、上三角与下三角矩阵。

（8）建立大矩阵　大矩阵可由方括号中的小矩阵建立起来。

```
>> a= [1 2 3; 4 5 6; 7 8 9]
>> c= [a  eye (size (a))]
c =
   1  2  3  1    0    0
   4  5  6  0    1    0
   7  8  9  0    0    1
```

（9）单个矩阵元素的赋值与运算　MATLAB 允许用户对一个矩阵的单个元素进行赋值和操作，例如如果想将前面的矩阵 a 的第二行第三列的元素赋为 100，则可通过下面的语句来完成。

例如：

```
a (2, 3) =100
 a =
     1  2  3
     4  5  100
     7  8  9
```

这时将只改变该元素的值，而不影响其他元素的值。如果给出的行数或列数大于原来的矩阵范围，则 MATLAB 将自动扩展原来的矩阵，并将扩展后未赋值的矩阵元素置零。

（10）其他矩阵的函数运算　MATLAB 还可以完成其他的矩阵运算，如求行列式 det、矩阵求反 inv、求矩阵的特征值 eig、矩阵的秩 rank 等等，强大的矩阵运算函数是 MATLAB

运算功能的核心。其他运算功能还有，求一个数的实部 real、虚部 imag、绝对值 abs（复数的绝对值或幅值）和求共轭运算 conj（复数共轭）。

总而言之，MATLAB 不仅具有元素对元素的操作运算功能，对矩阵的数据处理也是很有用的。可以使用 help 命令得到它的完整的运算函数功能表。

2.4.3　多项式及其运算

MATLAB 除了矩阵运算以外，还有多项式的运算。在 MATLAB 中采用行向量表示多项式，行向量存放按降幂次排列的多项式系数。建立多项式就是输入多项式系数行向量。

多项式 $P(s) = a_0 s^n + a_1 s^{n-1} + a_2 s^{n-2} + \cdots + a_{n-1} s + a_n$ 的系数行向量为

$$\boldsymbol{P} = [a_0, a_1, \cdots, a_{n-1}, a_n]$$

MATLAB 提供的多项式的运算包括多项式的加、减、乘、除以及用于多项式运算的函数。多项式在阶数相同的情况下可直接进行加减运算，若两个相加减的多项式阶次不同，则低阶多项式必须用零来填补高阶项系数，使其与另一个多项式有相同的阶次。其他的有关多项式运算函数见表 2-11。

表 2-11　多项式运算函数

函数	功能	函数	功能
conv	多项式乘法（卷积）	polyval	多项式求值
deconv	多项式除法（解卷）	polyvalm	矩阵多项式求值
poly	由根求多项式	reside	多项式部分分式展开
roots	多项式求根	polyder	多项式求导

例 2-1　已知两个多项式 $m(s) = s + 2, n(s) = s^2 + 4s + 7$，求多项式乘积。

解　> > m = [1 2]; n = [1 4 7]; e = conv (m, n)

e =　　1　　6　　15　　14

多项式的除法是乘法的逆运算，利用函数 deconv 可以返回相除的余数和商多项式。

> > [f, r] = deconv (e, n)

f =　　1　　2

r =　　0　　0　　0　　0

其中，f 为返回的商多项式；r 为余数多项式。

其他多项式运算函数的用法这里就不再陈述，具体使用方法请参照 MATLAB 的帮助文件。

2.5　符号运算

MATLAB 的优势不仅在于其强大的数值矩阵的运算功能，而且也在于其强大的符号运算功能。MATLAB 的符号运算是通过集成在 MATLAB 中的符号数学工具箱（Symbolic Math Toolbox）来实现的。

符号运算是 MATLAB 的一个重要组成部分。应用符号运算功能，可以直接对抽象的符号对象进行微积分与代数计算，并获得问题的解析结果。这些功能主要包括：符号表达式的运算，符号表达式的复合、化简，符号矩阵的运算，符号微积分，符号函数画图，符号代数方程求解，符号微分方程求解等。

MATLAB 提供的符号数学工具箱（Symbolic Math Toolbox），大大增强了 MATLAB 的功能。符号数学工具箱适用于广泛的用途，而不是针对一些特殊专业或专业分支。

2.5.1 符号运算基础

符号数学工具箱是操作和解决符号表达式的符号数学工具箱（函数）集合，是复合、简化、微分、积分以及求解代数方程和微分方程的工具。另外还有用于线性代数的工具，求解逆、行列式、正则形式的精确结果，找出符号矩阵的特征值而没有由数值计算引入的误差。工具箱还支持可变精度运算，即支持符号计算并能以指定的精度返回结果。

1. 符号表达式

符号表达式是代表数字、函数、算子和变量的 MATLAB 字符串或字符串数组。不要求变量有预先确定的值，符号方程式是含有等号的符号表达式。符号算术是使用已知的规则和给定符号恒等式求解这些符号方程的实践，它与代数和微积分所学到的求解方法完全一样。符号矩阵是数组，其元素是符号表达式。

MATLAB 在内部把符号表达式表示成字符串，与数字变量或运算相区别；否则这些符号表达式几乎完全像基本的 MATLAB 命令。

2. 建立符号变量和符号常量

在 MATLAB 程序中，作为符号对象的符号变量、符号常量、符号函数以及符号表达式，首先得通过创建符号变量的函数命令来加以实现。MATLAB 中提供了两个建立符号对象的函数：sym 和 syms，两个函数的用法不同。

（1）sym 函数　sym 函数用来建立单个符号量，使用该函数建立符号变量后，用户可以在表达式中使用定义过的符号变量进行各种运算。

定义符号变量的格式为

S = sym(A)　　S = sym('A')

命令功能是由 A 来建立一个符号对象 S，其类型为 sym 类型。如果 A（不带引号）是一个数字（值）、数值矩阵或数值表达式，则输出是由数值对象转换成的符号对象。如果 A（带引号）是一个字符串，则输出是由字符串对象转换成的符号对象。

S = sym（A，flag）　S = sym（'A'，flag）

命令功能同 S = sym（A）或 S = sym（'A'）。只不过转换成的符号对象应符合 flag 格式。flag 可取以下选项：

'd'——最接近的十进制浮点精确表示；

'e'——（数值计算时）估计误差的有理表示；

'f'——十六进制浮点表示；

'e'——默认设置是最接近有理表示的形式。这种形式是指用两个正整数 p、q 构成的 p/q、p * pi/q、sqrt（p）、2^p、10^q 表示的形式之一。

命令功能同 S = sym（'A'）。只不过转换成的符号对象应符合 flag 指定的要求。flag 可取以下“限定性”选项：

'positive'——限定 A 为正的实型符号变量；

'real'——限定 A 为实型符号变量；

'unreal'——限定 A 为非实型变量。

例如：用函数 sym 来生成符号表达式。

m = sym （'ax + b =0'）　%　结果：m　= ax + b =0

（2） syms 函数　其格式为

syms s1 s2…flag

命令功能是建立多个符号对象：s1，s2，…。指定的要求即按 flag 取的“限定性”选项同（1）中所述。用函数 syms 只能生成符号表达式，而不能生成符号方程。

符号变量与非符号变量的区别在于：一个非符号变量在参与运算前必须赋值，变量的运算实际上是该变量所对应值的运算，其运算结果是一个变量对应的值；而符号变量参与运算前无需赋值。

（3） 符号常量　符号常量是一种符号对象。数值常量如果作为函数命令 sym（）的输入参量，就建立了一个符号对象——符号常量，即看上去的一个数值量，但它已是一个符号对象了。创建的这个符号对象可以用 class（）函数来检测其数据的类型。

例 2-2　对数值量 1/8 创建符号对象，并检测数据的类型。

解　用以下 MATLAB 语句来创建符号对象并检测数据的类型：

a = 1/8；classa = class（a）　classa = double

b = '1/8'；classb = class（b）　classb = char

c = sym（1/8）；classc = class（c）　classc = sym

d = sym（'1/8'）；classd = class（d）　classd = sym

2.5.2　常用符号运算

1. 符号表达式的基本代数运算

符号表达式的加、减、乘、除四则运算及幂运算等基本代数运算，与矩阵的数值运算几乎完全一样。其中，符号表达式的加、减、乘、除运算可分别由下列函数来实现。其具体格式如下：

symadd（M，N）　求 M + N 的表达式

symsub（M，N）　求 M − N 的表达式

symmul（M，N）　求 M * N 的表达式

symdiv（M，N）　求 M/N 的表达式

sympow（M，N）　求 M^N 的表达式

2. 符号矩阵的运算

符号矩阵的运算主要包括符号矩阵的一些基本运算以及符号矩阵的常用函数运算。

<u>符号矩阵的四则运算</u>

在 MATLAB 中，进行符号矩阵的四则运算非常方便。它与数值矩阵的四则运算完全相同。符号矩阵的加、减、乘、除运算与符号表达式的代数运算命令相同，只是符号变量所表示的含义不同而已。也可以用“+”、“-”、“*”、“/”符号进行运算，而符号的幂运算可由运算符号“^”来实现。

例如：>> A = sym（'[a b；c d]'）

```
>>B=sym('[h i; j k]')
>>C=A+B
```

结果：C =a+h   b+i

c+j   d+k

符号矩阵的基本运算

符号矩阵的其他一些基本运算包括符号矩阵的转置、行列式计算、求逆、求秩、指数运算等。其具体格式如下：

transpose（A） 符号矩阵的转置

determ（A） 符号矩阵的行列式计算

inv（A） 符号矩阵的求逆

rank（A） 符号矩阵的求秩

符号矩阵的常用函数运算

符号矩阵的常用函数运算包括符号矩阵的特征值、特征向量运算，奇异值运算以及约当标准型运算等。其函数调用格式如下：

eig 符号矩阵的特征值、特征向量求解

eigensys 符号矩阵的特征值、特征向量求解

svd 符号矩阵的奇异值求解

singvals 符号矩阵的奇异值求解

jordan 符号矩阵的约当标准型运算

以上所涉及的函数只是一些比较常用的，具体的使用方法以及格式可以使用 MATLAB 的帮助命令进行查询。

例如：A=sym（'[1，3/2；2，4]'）

[B，C] =eig（A）   % B 为特征向量，C 为特征值

结果：B =   1   1

1+1/3*21^(1/2) 1-1/3*21^（1/2）

C =5/2+1/2*21^（1/2）   0

0 5/2-1/2*21^（1/2）

3. 符号的微积分

微积分是高等数学中最重要的基础之一，它被广泛应用于工科学科中。MATLAB 的符号数学工具箱为我们提供了快速、简便的计算微积分的工具。MATLAB 符号数学工具箱中的符号微积分包括符号极限、符号微分、符号积分等。

符号极限

极限是高等数学的出发点，同时也是微积分的基础。符号极限由函数“limit”来实现。具体格式如下：

limit（F，x，a）   F 当 x→a 时的极限

limit（F，a）   F 由 findsym（F）返回的独立变量趋向于 a 时的极限

limit（F）   F 由 findsym（F）返回的独立变量在 a=0 处的极限值

符号微分

微分是高等数学中最基础的内容之一。在 MATLAB 中，符号微分由函数“diff”来实

现。实际上，“diff”函数可同时计算数值微分和符号微分。当输入参数是数值时，MATLAB 能非常巧妙地对其进行数值微分；当输入的参数是符号字符串时，MATLAB 同样能非常巧妙地进行符号微分。F 为符号表达式，其格式如下：

diff（F）　　对 findsym（F）函数返回的独立变量求微分；

diff（F,'a'）　　对“a”变量求微分；

diff（F，n）　　对 findsym（F）函数返回的独立变量求 n 次微分；

diff（F，n,'a'）　　对“a”变量求 n 次微分。

符号积分

由高等数学可知，积分比微分复杂得多。很多情况下，积分不一定能成功。当在 MATLAB 中进行符号积分，找不到原函数时，它将返回未经计算的函数。符号积分由函数“int”来实现。其函数的调用格式如下：

int（F）　　对 findsym（F）函数返回的独立变量求不定积分；

int（F，v）　　对 v 变量求不定积分；

int（F，a，b）　　对 findsym（F）函数返回的独立变量从 a 到 b 的定积分；

int（F，v，a，b）　　对 v 变量求从 a 到 b 的定积分。

例如：
```
syms x; f = sym ('(x-1)^3/(x-1)')
A = limit ((x-2)/(x^2-4), 2)    % 求极限
B = diff (f)                    % 求微分
C = int (1/(1+x^2))             % 求积分
```
结果：　A =1/4　　B =2*x-2　　C = atan (x)

2.5.3 符号函数画图

MATLAB 的符号工具箱也为用户采用符号函数进行画图提供了方便。符号函数画图可以通过函数“ezplot”或“fplot”来实现。其中，ezplot 函数的调用格式见表 2-12。

表 2-12　MATLAB 中提供的符号绘图函数

函　数	说　明
ezplot(f)	表示在默认区间 -2*pi<x<2*pi 绘制 f=f(x) 的函数图
ezplot(f,[a,b])	表示在[a,b]区间绘制 f=f(x) 的函数图
ezplot(f)	表示在默认区间 -2*pi<x<2*pi 和 -2*pi<y<2*pi 绘制 f(x,y)=0 的函数图
ezplot(f,[xmin,xmax,ymin,ymax])	表示在区间 xmin<x<xmax 和 ymin<y<ymax 绘制 f(x,y)=0 的函数图
ezplot(f,[a,b])	表示在[a,b]区间绘制 f(x,y)=0 的函数图
ezplot(x,y)	表示在 0<x<2*pi 绘制 x=x(t) 和 y=y(t) 的函数图
ezplot(x,y,[tmin,tmax])	表示在 tmin<t<tmax 绘制 x=x(t) 和 y=y(t) 的函数图
ezplot(f,[a,b],FIG) ezplot(f,[xmin,xmax,ymin,ymax],FIG) ezplot(x,y,[tmin,tmax],FIG)	表示在指定的图形窗口 FIG 中画图，以替代当前的图形窗口

例如：ezplot('cos(x)',[0,3*pi]);grid　%图 2-8a

```
ezplot('sin(3*t)*cos(t)','sin(3*t)*sin(t)',[0,pi]) ;grid %图 2-8b
```

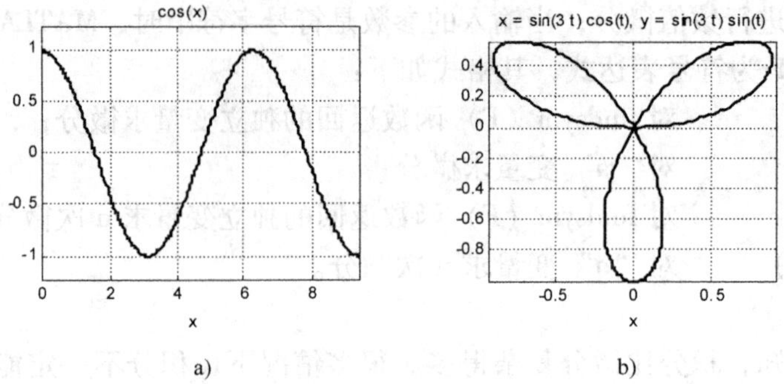

图 2-8 符号绘图函数的输出结果

2.5.4 符号运算应用于控制理论计算

1. 积分变换与反变换

控制理论中经常用到的积分变换有：傅里叶变换、拉普拉斯变换和 Z 变换，符号运算工具箱为用户准备了这三种变换与反变换的专用函数。

傅里叶变换及反变换函数格式如下：

```
F = fourier (f)            f = ifourier (F)
F = fourier (f, v)         f = ifourier (F, u)
F = fourier (f, u, v)      f = ifourier (F, v, u)
```

拉普拉斯变换及反变换函数格式如下：

```
L = laplace (f)            f = ilaplace (L)
L = laplace (f, t)         f = ilaplace (L, y)
L = laplace (f, w, z)      f = ilaplace (L, y, x)
```

Z 变换及反变换函数格式如下：

```
F = ztrans (f)             f = iztrans (F)
F = ztrans (f, w)          f = iztrans (F, k)
F = ztrans (f, k, w)       f = iztrans (F, w, k)
```

例 2-3 （1）计算时间函数 $f(t) = \mathrm{e}^{-t^2}$ 傅里叶变换及反变换。

```
F = fourier (exp (-t^2));      %  F = pi^ (1/2) * exp (-1/4 * w^2) 傅里叶变换
f = ifourier (F)               %  f = exp (-x^2) 傅里叶反变换
```

（2）计算时间函数 $f(t) = 0.1\mathrm{e}^{-t}\sin\left(t - \dfrac{\pi}{3}\right)$ 拉普拉斯变换及反变换。

```
syms t
f1 = '0.1 * exp (-t) * sin (t - pi/3)';
ezplot (f1)
F1 = laplace (0.1 * exp (-t) * sin (t - pi/3))
%  F1 = -1/20 * 3^ (1/2) * (s+1) / ((s+1) ^2 + 1) + 1/20/ ((s+1) ^2 + 1)
```

拉普拉斯变换

f1 = ilaplace（F1）

% f1 = -1/20 * 3^（1/2） * exp（-t） * cos（t） +1/20 * exp（-t） * sin（t） 拉普拉斯反变换

（3）计算 Z 变换及反变换。

syms n

f1 = exp（-1 * n） * sin（n）

F1 = ztrans（f1）

% F1 = z/exp（-1） * sin（1）/（z^2/exp（-1）^2-2 * z/exp（-1） * cos（1） + 1）

syms z

f = iztrans（z * （z-1）/（z-2）/（z-3）/（z-4））　% f = -2 * 3^n + 1/2 * 2^n + 3/2 * 4^n

2. 微分方程求解

可用微分方程描述的控制系统，线性的或者是非线性的，定常参数的或者是时变参数的，甚至是未知参数的，均可以利用符号运算中的微分方程求解函数进行控制系统的仿真。

符号运算中的微分方程求解函数的应用格式如下：

dsolve（'eq1','eq2', …）

r = dsolve（'eq1','eq2', …,'cond1','cond2', …,'v'）

函数应用格式说明：

1）可多至 12 个微分方程的求解；

2）默认自变量为“x”，并可任意指定自变量为“t”、“u”等；

3）微分方程的各阶导数项可以大写字母“D”作为标志，后接数字阶数，再接解变量名。例如 Dy、D2c 分别表示$\frac{dy}{dx}$、$\frac{d^2c}{dx^2}$等；

4）初始条件以符号代数方程给出，如 '$y(a) = b$'、'$Dy(a) = b$' 等，其中 a、b 为常数。初始条件为默认，其常数为 C1，C2 等。

5）返回变量格式为：[Y1, Y2, …] = dsolve（…）。

例 2-4　（1）已知零输入线性微分方程与初始条件如下，求该方程的解。结果如图 2-9 所示。

$$\frac{d^2}{dx^2}[c(x)] + 2\frac{d}{dx}[c(x)] + 2c(x) = 0, c(0) = 1, \frac{d}{dx}[c(0)] = 0$$

y = dsolve（'D2c + 2 * Dc + 2 * c = 0','c（0） = 1','Dc（0） = 0'）;% exp（-t） * sin（t） + exp（-t） * cos（t） ezplot（y, [0, 10]）

（2）已知零状态线性微分方程与初始条件如下，求该方程的解。结果如图 2-10 所示。

$$\frac{d^2}{dx^2}[c(x)] + 2\frac{d}{dx}[c(x)] + 2c(x) = 2, c(0) = 0, \frac{d}{dx}[c(0)] = 0$$

y = dsolve（'D2c + 2 * Dc + 2 * c = 2','c（0） = 0','Dc（0） = 0'）;% 1-exp（-t） * sin（t）

-exp（-t）*cos（t）ezplot（y，[0，10]）

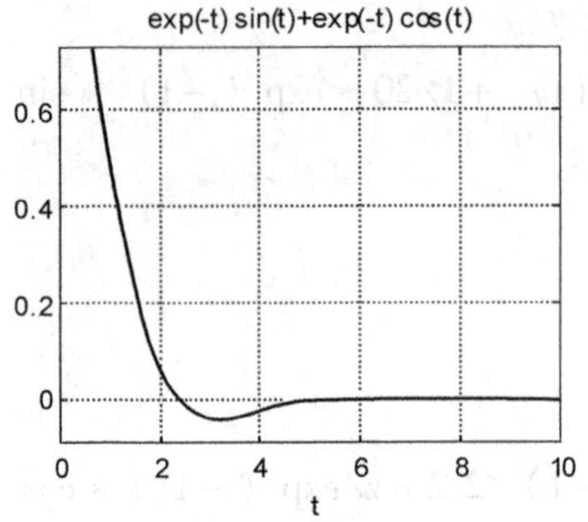

图 2-9 零输入微分方程的解

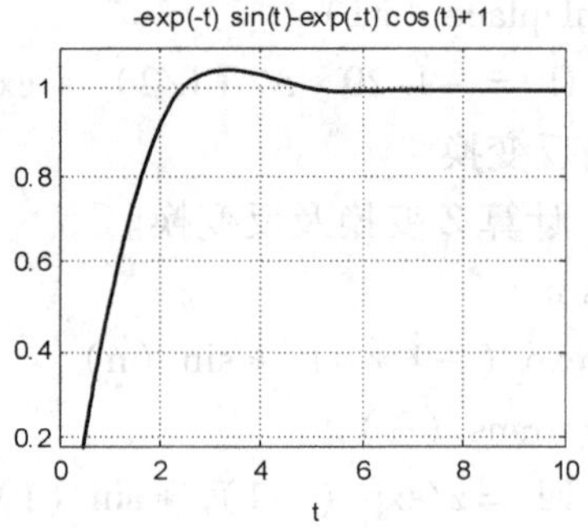

图 2-10 零状态微分方程的时间解

2.6 MATLAB 绘图功能

用图表和图形来表示数据的技术称之为数据可视化。MATLAB 的重要特点之一就是具有完备的图形功能使计算结果可视化。

MATLAB 不但擅长与矩阵相关的数值运算，而且还提供了强大的图形用户界面，在许多应用中，常常要用绘图功能来实现数据的显示和分析，包括二维图形和三维图形。在控制系统仿真中，也常常用到绘图，如绘制控制系统的响应曲线、根轨迹以及频率响应曲线等。

因为提供了非常方便的绘图功能和强大的图形图像处理功能，所以 MATLAB 受到了广泛的欢迎。MATLAB 5.3 版本更是把这些长处发挥到了一个新的高度，不但增加了很多图形图像处理功能，而且为图形窗口增加了菜单和工具。

2.6.1 MATLAB 的图形窗口

1. 创建图形窗口

在 MATLAB 中，绘制的图形被直接输送到一个新的窗口中，这个窗口成为图形窗口。在 MATLAB 中使用函数“figure”来建立一个图形窗口，如图 2-11 所示。每执行一次“figure”命令就产生一个图形窗口，可以同时产生若干个窗口，MATLAB 自动在这些窗口的名字上自动添加序号以示区别。函数调用方式为：

figure：最简单的调用方式。

figure（'PropertyName'，PropertyValue，…）：以指定的属性值，创建一个新的图形窗口，其中，PropertyName 为属性名；PropertyValue 为属性值；未指定的属性取默认值。

figure（h）：如果 h 为一正整数，则创建一个图形句柄为 h 的新的图形窗口。

h = figure（…）：调用函数 figure 时，同时返回图形对象的句柄。

如图 2-11 所示，图形窗口上有标题栏、菜单栏、工具条和显示图形的窗口。标题栏上表示的是图形窗口名称；菜单栏包括通用的文件操作命令、编辑命令，可以对图形的坐标轴、线型等进行设置，还可以为图形添加标注，用菜单命令操作图形窗口简便、直观，可以直接观察结果；图形窗口工具条上有几个专用按钮，是针对图形进行操作的，也称为“图形编辑工具条”。这几个专用按钮的功能如下：

按钮：允许对图形进行编辑。

按钮：允许对图形进行放缩操作，该按钮按下后，在图形中单击鼠标左键，图形会被放大，单击右键，图形便会复原。

按钮：允许对图形进行放缩操作，该按钮按下后，在图形中单击鼠标左键，图形会被缩小，单击右键，图形便会复原。

按钮：显示全景图形。

按钮：允许把图形旋转为三维图形。

图 2-11　MATLAB 图形窗口

按钮：显示数据光标。

按钮：在图形窗口中显示颜色条。

按钮：在图形窗口中显示图形的图例。

按钮：隐藏/显示图形工具。

2. 关闭与清除图形窗口

执行 close 命令可关闭图形窗口，其调用方式如下：

1）close：关闭当前图形窗口。

2）close（h）：关闭指定的图形窗口。

3）close name：关闭图形窗口名 name 指定的图形窗口。

4）close all：关闭所有的图形窗口。

清除当前图形窗口中的内容可使用如下命令：

1）clf：清除当前图形窗口中所有可见的图形对象。

2）clf reset：清除当前图形窗口中所有可见的图形对象，并将窗口的属性设置为默认值。

2.6.2　基本二维绘图命令

MATLAB 具有很强的绘图功能，非常适用于科学研究与工程实际中。在 MATLAB 中把数据绘成图形可有多种绘图命令以供选择。

1. 基本绘图命令

基本二维绘图命令见表 2-13。

表 2-13　基本二维绘图命令

函数	功　能
plot	线性 X-Y 坐标图
semilogx	X 轴对数半对数坐标图
semilogy	Y 轴对数半对数坐标图
loglog	双对数坐标图
plotyy	在图形左右各有一个 Y 轴

（续）

函数	功　能
polar	绘制极坐标图
grid	在图形窗口上添加网格（on）或去掉网格（off）
zoom	允许（on）或不允许（off）对图形进行放大或缩小
ginput	用鼠标获取图形中的点的坐标
subplot	对图形窗口进行分割，显示多个图形

2. 基本二维图形绘制

（1）基本绘图函数　带有选项的二维曲线绘制基本命令的基本调用格式为

plot（x轴变量1，y轴变量1，选项1，x轴变量2，y轴变量2，选项2，…）

其中，x、y为同维矩阵，则以对应元素为横纵坐标分别绘制曲线，曲线的条数等于矩阵的行数。选项对应于图线的线型、颜色、数据点标记类型的控制字符等。具体见表2-14、表2-15、表2-16。

表2-14　常用图形曲线的线型

选项	含义	选项	含义
—	实线	:	点线
- -	虚线	-.	点画线

表2-15　常用图形曲线的数据点标记类型

选项	含义	选项	含义	选项	含义
*	用星号标出数据点	+	用加号标出数据点	^	用上三角标出数据点
.	用点号标出数据点	s	用小正方形标出数据点	<	用左三角标出数据点
o	用圆圈标出数据点	D	用菱形标出数据点	>	用右三角标出数据点
x	用叉绘标出数据点	V	用下三角标出数据点	H	用六角形标出数据点

表2-16　常用图形曲线的颜色

选项	含义	选项	含义	选项	含义	选项	含义
r	红	b	蓝	m	洋红	w	白
g	绿	y	黄	c	青	k	黑

（2）其他绘图函数（见表2-17）

表2-17　其他绘图函数

函数	二维图形状	备注
bar（x，y）	条形图	x是横坐标，y是纵坐标
fplot（y，[a，b]）	精确绘图	y代表某个函数，[a，b] 表示需要精确绘图的范围
polar（θ，r）	极坐标图	θ代表角度，r代表以θ为变量的函数
stairs（x，y）	阶梯图	x是横坐标，y是纵坐标
stem（x，y）	针状图	x是横坐标，y是纵坐标
fill（x，y,'b'）	实心图	x是横坐标，y是纵坐标，b代表颜色
scatter（x，y，s，c）	散点图	s代表圆圈标记点的面积，c是标记点的颜色
pie（x）	饼图	x为向量

3. 窗口设置

MATLAB 还允许在一个图形窗口上绘制多个图形，分割窗口的工作是由 MATLAB 提供的函数来完成的。

函数的调用格式为：subplot（n，m，k）

其中，n 表示窗口分割的行数；m 表示窗口分割的列数；k 表示该图所放的位置。

MATLAB 最多允许 9×9 的分割。在 MATLAB 下允许每个绘图部分以不同坐标系单独绘制图形。

4. 坐标调整

MATLAB 可以自动选择坐标轴的定标尺度，也可以使用 axis 命令定义坐标轴的特殊尺度。其命令格式如下：

axis（[x-min，x-max，y-min，y-max，zmin，zmax]）

它可置坐标轴为特殊刻度。设置坐标轴以后，plot 命令必须重新执行才能有效。在这个函数中可以输入 4 个或 6 个参数，分别对应于二维和三维图形坐标系的最小值和最大值。参数可以是数值也可以是某些函数。MATLAB 会按照用户指定的值来选择合适的坐标系。

5. 两个有用的函数

（1）zoom 函数　该函数用来指定是否对图形进行缩放，这在分析数据量比较大的图形时很常用。它有以下用法：

zoom：在 zoom on 和 zoom off 之间进行切换；

zoom（factor）：以系数 factor 为倍数对图形进行缩放操作，但不改变图形的缩放状态；

zoom on：允许对图形进行缩放；

zoom off：不允许对图形进行缩放；

zoom out：恢复图形的初始大小；

zoom xon：只允许对图形的 x 轴方向进行缩放；

zoom yon：只允许对图形的 y 轴方向进行缩放；

在允许缩放的状态下，用户可以用鼠标对图形进行放大或缩小操作，用鼠标左键单击一下图形要放大的部位，图形应放大一倍；放大后的图形用鼠标右键每单击一下要缩小的部位，图形就会缩小一半；双击鼠标左键，图形会恢复原始大小。

（2）ginput 函数　ginput 函数允许用鼠标获取图形上坐标轴范围内点的坐标。它有如下三种调用方式：

[x，y] =ginput（n）：从图形中获取 n 个点的坐标值，获得的数据保存在长度为 n 的向量“x”（横坐标）和“y”（纵坐标）中。

[x，y] =ginput：从图形中获取无数个点的坐标值，直至按下回车键为止。

调用了 ginput 函数之后，在图形窗口中鼠标箭头会变成十字形的光标，移动鼠标，光标随之移动，在关心的数据点中单击鼠标左键，该点的坐标就被记录下来，直到点数达到指定的个数或按下回车键终止取值为止。

6. 图形加注

常用的图形标注函数见表 2-18，利用这些函数可以为图形的每一个坐标轴加标注，也可以把说明、注释文本放到图形的任何位置。

表 2-18 常用的图形标注函数

函数	功能	函数	功能
title	为图形添加标题	legend	为图形添加图例
xlabel	为 x 轴加标注	text	在指定位置上添加文本字符串
ylabel	为 y 轴加标注	gtext	用鼠标在图形上旋转文本
zlable	为 z 轴加标注		

（1）为坐标轴添加标注　给坐标轴 x、y、z 加标注只要调用相应的函数 xlabel、ylabel、zlable 即可。基本格式为（以 xlabel 为例）

```
xlabel ('text','property1', propertyvalue1,'property2', propertyvalue2, …)
```

其中，“text” 为要添加的标注文本；“property” 指该函数的属性；“propertyvalue” 为相应属性值。该命令把文本 “text” 按照设置的格式添加到 x 坐标轴的下方。

（2）给图形添加标题　给图形添加标题 “title” 函数，该函数将文本设置在图形的上方。其调用格式为

```
title ('text','property1', propertyvalue1,'property2', propertyvalue2, …)
```

（3）在图形窗口添加文本字符串　用 “text” 函数可以在图形窗口的任何位置加入文本字符串。该函数调用格式为

```
text (x, y,'string')
```

这里的 x、y 用于指定加入字符串的位置，“string” 是需要添加的字符串。

（4）交互式添加文本　MATLAB 还提供了一个使用鼠标交互式文本的函数：gtext。该函数调用格式为

```
gtext ('string','propertyName', propertyvalue, …)
```

（5）图形添加图例　MATLAB 还提供了一个为图形添加图例的函数，以便于对图形的观察和分析。添加图例由 legend 函数来完成，该函数的一般调用格式为

```
legend (string1, string2, string3, …)
```

只要指定标注字符串，该函数就会按顺序把字符串添加到相应的曲线线型符号之后。

MATLAB 还允许很方便地对图例进行调整，如下所述：

用鼠标左键点住图例拖动即可移动图例到所需要的位置；

用鼠标左键双击图例中的某个字符串就可以对该字符串进行编辑。

在 legend 函数中加入一个参数也可以对图例的位置作出规定，格式如下：

```
legend (string1, string2, string3, …, pos)
```

pos 的取值及含义如下：

0：自动把图置于最佳位置，即和图中曲线重复最少；

1：置于图形右上角；（默认值）

2：置于图形左上角；

3：置于图形左下角；

4：置于图形右下角。

二维图形绘制例子如图 2-12 所示。

x=0：pi/100：2＊pi；x=x′；y=［sin（x），cos（x），cos（x+0.5）］；plot（x，y）；grid %图 2-12a

t=0：0.01：5＊pi；y=t；polar（t，y）%图 2-12b

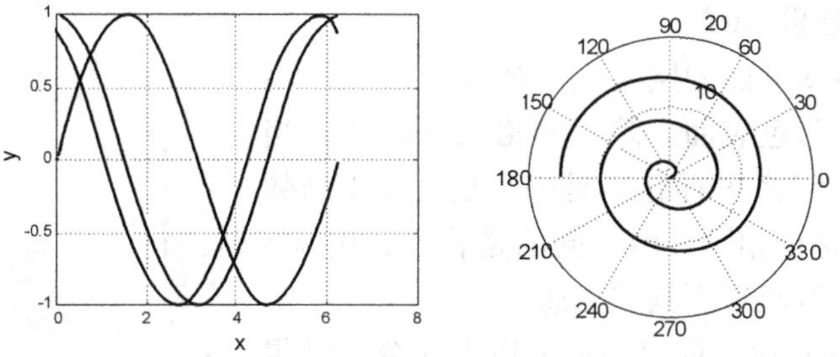

a) b)

图 2-12 二维图形绘制

2.6.3 三维图形绘制命令

MATLAB 提供了多种函数来显示三维图形，这些函数可以在三维空间中绘制曲线，也可以绘制曲面图。MATLAB 语言中三维图形的绘制与二维图形的绘制在许多方面都很类似，其中曲线的属性设置则完全相同。

三维图形绘制中经常用到的基本绘图命令有 plot3 函数、网格图函数 mesh 等。

1. plot3 函数

plot3 函数是函数 plot 的三维扩展，它允许用户在三维空间内绘出三维曲线。其格式有以下几种（与 plot 相同，只是增加了一个维数而已）。

plot3（x，y，z）。其中，x、y、z 为三个相同维数的向量或相同阶数的矩阵，函数绘制向量所表示的点的曲线或矩阵的列向量的曲线。

plot3（x，y，z，s）。其中，s 为定义选项的字符串。形式与 plot 函数相同。

plot3（x1，y1，z1，s1，x2，y2，z2，s2，…）。这是组合绘制调用形式，与 plot 相同。

例如：在 MATLAB 命令窗口中输入以下命令：

［X，Y］=meshgrid（-8：0.6：8）；R=sqrt（X.^2+Y.^2）+eps；

Z=sin（R）./R；plot3（X，Y，Z）

运行结果如图 2-13 所示。

2. 三维网格图函数 mesh

为使显示的三维图形更漂亮，可以绘制出三维网格图。

所谓网格图，是指把相邻的数据点连接起来形成的网状曲面。其形成原理为：在 x-y 平面上指定一个长方形区域，采用与坐标轴平等的直线将其分格；计算矩形网格点上的函数值，即 z 轴坐标的值，得到三维空间的数据点；将这些数据点分别用处于 x-z 或者平行面内的曲线和处于 y-z 或者其平行面内的曲面连接起来，即形成网格图。在 MATLAB 下使用 mesh（）函数来绘制三维网格图。其调用形式为：mesh（x，y，z，c）。

其中，x 和 y 分别为构成该曲面的 x 和 y 向量；而 c 为颜色矩阵，表示在不同高度下的颜色范围，如果省略，则 MATLAB 会自动地假设 c=z，即颜色的设定正比于图形的高度，这样就可以得出层次分明的三维网格图形。

例如：在 MATLAB 命令窗口中输入以下命令，结果如图 2-14 所示。

[X, Y] =meshgrid (-8: 0.6: 8); R = sqrt (X.^2 + Y.^2) + eps; Z = sin (R) ./R;mesh (X, Y, Z)

3. 三维曲面图函数 surf

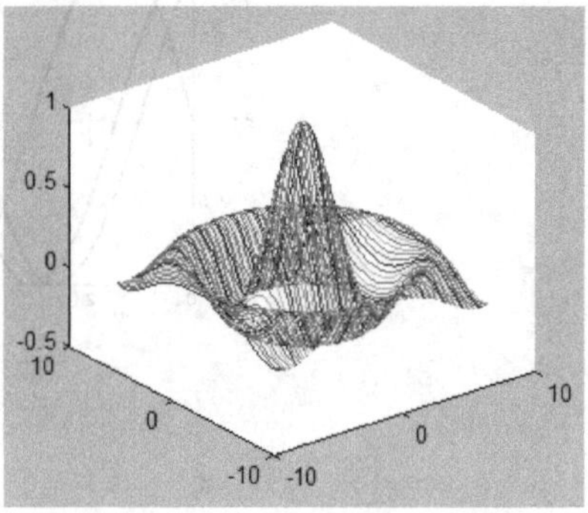

图 2-13 plot3 函数绘制的三维图形

曲面图是把网格图表面的网格围成的小片区域用不同的颜色填充形成的彩色表面。除了网格线条间的空当用颜色填充外，它和网格图看起来是一样的。surf 函数和 mesh 函数的用法完全相同，所不同的是着色，用 surf 函数建立起来的图形看起来更具立体感。

例如：在 MATLAB 命令窗口中输入以下命令，结果如图 2-15 所示。

[X, Y] =meshgrid (-8: 0.6: 8); R = sqrt (X.^2 + Y.^2) + eps; Z = sin (R) ./R; surf (X, Y, Z)

通过实例可以看出，曲面图的线条为黑色，补片为彩色；而网格图的线条则为彩色的；用 plot3 画出的图形只呈现线条。

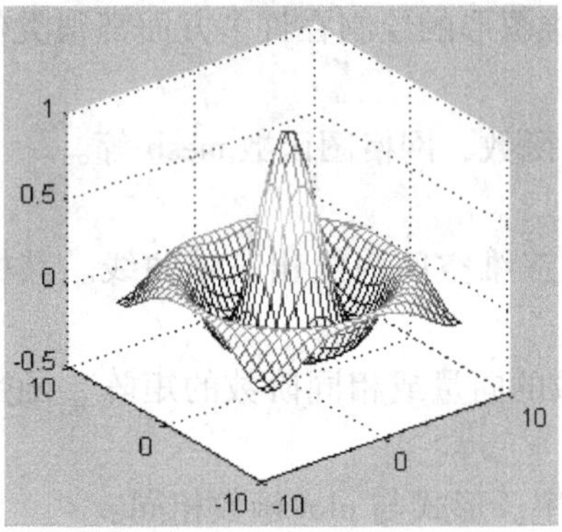

图 2-14 mesh 函数绘制的图形

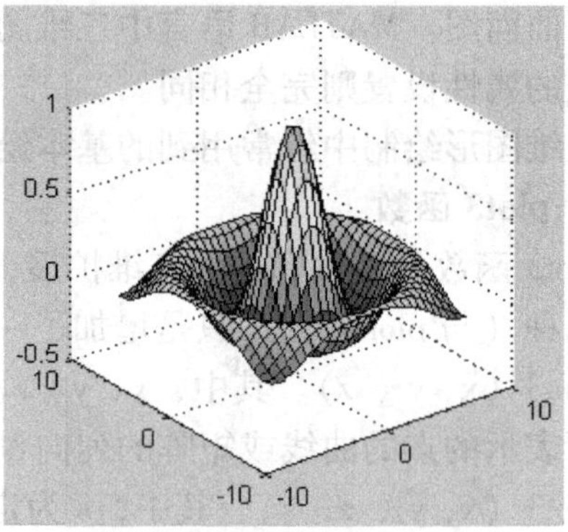

图 2-15 surf 函数绘制的图形

第 3 章　Simulink 仿真集成环境

Simulink 是 MATLAB 的重要组件之一，它提供了一个动态系统建模、仿真和综合分析的集成环境。在该环境中，无需书写大量的程序，只要通过简单直观的鼠标操作，就可以构造出复杂的仿真系统。

3.1 概述

1990 年，MathWorks 软件公司为 MATLAB 提供了新的控制系统模型化图形输入与仿真工具，并命名为 SIMULAB，该工具很快就在控制工程界获得了广泛的认可，使得仿真软件进入了模型图形组态阶段。1992 年正式将该软件更名为 Simulink。

作为 MATLAB 的重要组成部分，Simulink 具有相对独立的功能和使用方法。确切地说，它是对动态系统进行建模、仿真和分析的一个软件包。它支持线性和非线性系统、连续时间系统、离散时间系统、连续和离散混合系统，而且系统可以是多进程的。

Simulink 的出现给控制系统分析与设计带来了福音。它有两个主要功能：Simu（仿真）和 link（连接），即该软件可以利用鼠标在模型窗口上绘制出所需要的控制系统模型，然后利用 Simulink 提供的功能对系统进行仿真和分析。

Simulink 的特点如下：

1. 框图式建模

Simulink 提供了一种图形化的建模方式，所谓图形化建模指的是用 Simulink 中丰富的按功能分类的模块库，帮助用户轻松地建立起动态系统的模型。用户只需要知道这些模块的输入、输出所实现的功能，通过对模块的调用、连接就可以构成所需系统的模型。整个建模的过程只需用鼠标进行单击和简单拖动即可实现。

利用 Simulink 图形化的环境及提供的丰富的功能模块，用户可以创建层次化的系统模型。从建模角度讲，用户可以采用从上到下或从下到上的结构创建模型；从分析研究角度讲，用户可以从最高级观察模型，然后双击其中的子系统，来检查下一级的内容，以此类推，从而看到整个模型的细节，帮助用户理解模型的结构和各个模块之间的关系。

2. 交互式的仿真环境

可以利用 Simulink 中的菜单或者是 MATLAB 的命令窗口输入命令来对模型进行仿真。菜单方式对于交互工作特别方便，而命令行方式对大量重复仿真很有用。

Simulink 内置很多仿真的分析工具，如仿真算法、系统线性化、寻找平衡点等。仿真的结果可以以图形的方式显示在类似于示波器的窗口内，也可以将输出结果以变量的方式保存起来，并输入到 MATLAB 中。让用户观察系统的输出结果并作进一步的分析。

3. 专用模块库

Simulink 提供了许多专用模块库，如 DSP Blocksets 和 Control Blocksets 等。利用这些专用模块库，Simulink 可以方便地对 DSP 及控制系统等进行住址分析和原型设计。

由于 MATLAB 和 Simulink 是集成在一起的，因此用户可以在这两种环境中对自己的模型进行仿真、分析和修改。

3.2 Simulink 的使用

Simulink 是 MATLAB 软件的扩展，它是实现动态系统建模和仿真的一个软件包，它与 MATLAB 语言的主要区别在于：它与用户交互接口是基于 Windows 的模型化图形输入的，从而便于用户把更多的精力投入到系统模型的构建而非语言的编程上。

所谓模型化图形是指 Simulink 提供了一些按功能分类的基本系统模块，用户只需要知道这些模块的输入、输出及模块的功能，而不必考察模块内部是如何实现的，通过对这些基本模块的调用，再将它们连接起来就可以构成所需要的系统模型（以 mdl 为扩展名的文件进行存取），进而进行仿真与分析。

3.2.1 Simulink 启动

启动 MATLAB 之后，运行 Simulink 的方式有三种：

1）在 MATLAB 的命令窗口直接键入“Simulink”。

2）单击 MATLAB 工具条上的 Simulink 图标。

3）在 MATLAB 菜单上选择“File”→“New”→“Model”。

运行后，会在桌面上出现一个称为 Simulink Library Browser 的窗口，在这个窗口中以树状目录的形式列出了按功能分类的各种模块的名称。Simulink 模块库浏览窗口如图 3-1 所示。

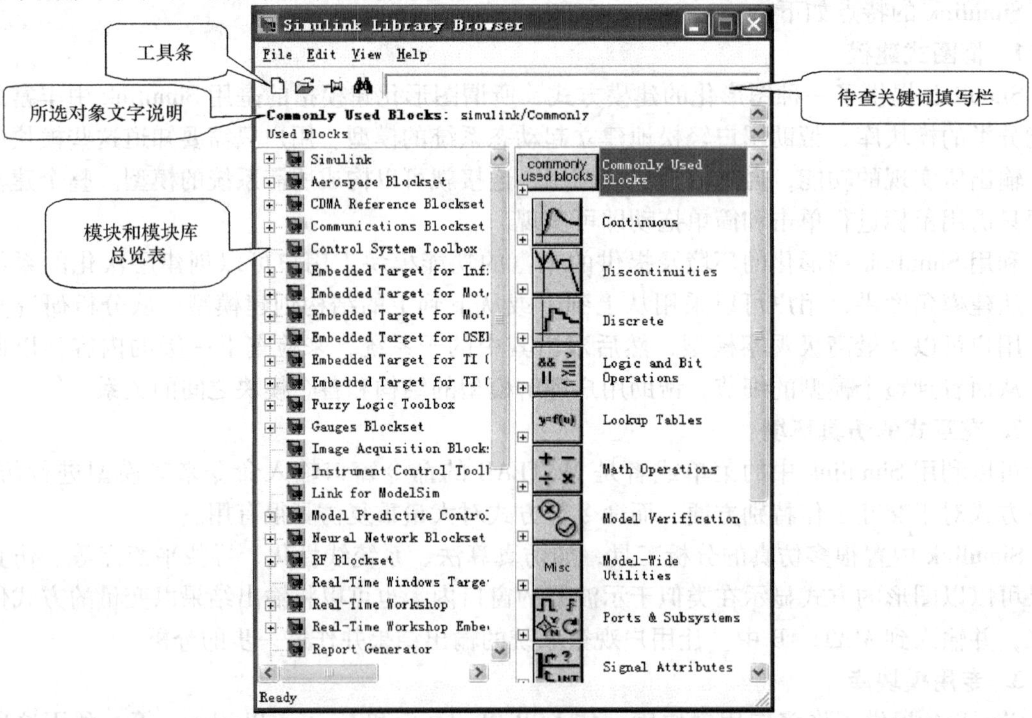

图 3-1 Simulink 模块库浏览窗口

Simulink 库浏览器窗口由下面几部分组成：

1）工具条：最左边两个图标引出标准的 Windows 工具。顶层图标 -⊨ 使 Simulink 库浏览器窗口总处于桌面最上层。

2）关键词栏：在栏中输入待查关键词，按〈Enter〉键便在指定库中自动查找相关模块。

3）总览表：表中呈现树状分层结构：第一层为模块组；第二层为子模块库。

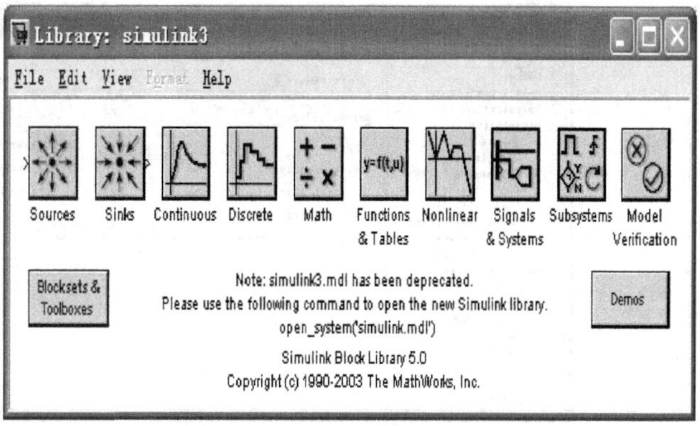

图 3-2 Simulink 基本模块库窗口

4）文字说明框：给出在总览表中所选对象的简明信息。

在 MATLAB 命令窗口中输入“Simulink3”，结果在桌面上出现一个标题栏为 Library: Simulink3 的 Simulink 基本模块库窗口，如图 3-2 所示。

Simulink 启动后，单击 Simulink 模块库浏览器工具条左边的建立新模型的图标，就会弹出新建模型窗口，即 Simulink 仿真编辑窗口，如图 3-3 所示，此时用户就可以在此窗口编辑自己的仿真模型了。

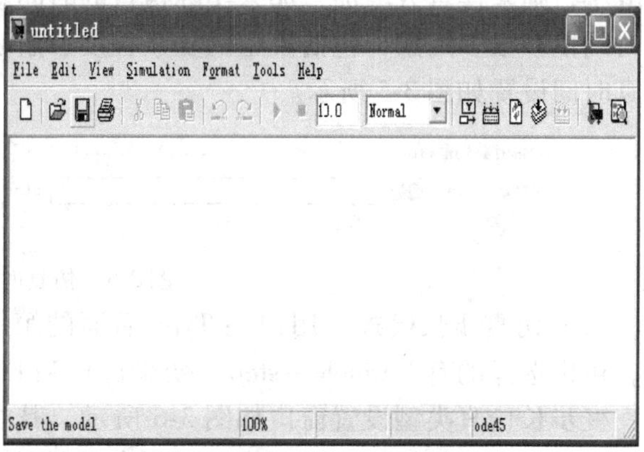

图 3-3 Simulink 仿真编辑窗口

打开已经存在的模型文件也有几种方式：

1）在 MATLAB 命令窗口直接键入模型文件名（不要加扩展名“.mdl”），这要求该文件在当前的路径范围内；

2）在 MATLAB 命令窗口菜单栏选择“File”→“Open”；

3）在 Simulink 模块库浏览器的工具条上单击“打开”图标。

3.2.2 Simulink 仿真配置

在编辑建立起系统模型之后，在进行仿真之前，用户假如不采用默认设置，就应对各个仿真参数进行配置，以便对模型进行动态仿真，在仿真编辑窗口中，单击 Simulation 菜单下面的 Configuration Parameters 项或者直接按快捷〈Ctrl + E〉，便弹出图 3-4 所示的 Simulink 设置窗口。采用菜单方式进行仿真最主要的也就是设置参数，它包括仿真参数（solver）设置、工作空间数据导入/导出（Data Import/Export）设置、优化（Optimization）设置、诊断（Diagnostics）设置、硬件实现（Hardware Implementation）设置、模型引用（Model Referencing）设置和实时代码生成工具（Real - Time Workshop）设置。通过对树形菜单的选择，打开参数对话框进行设置。

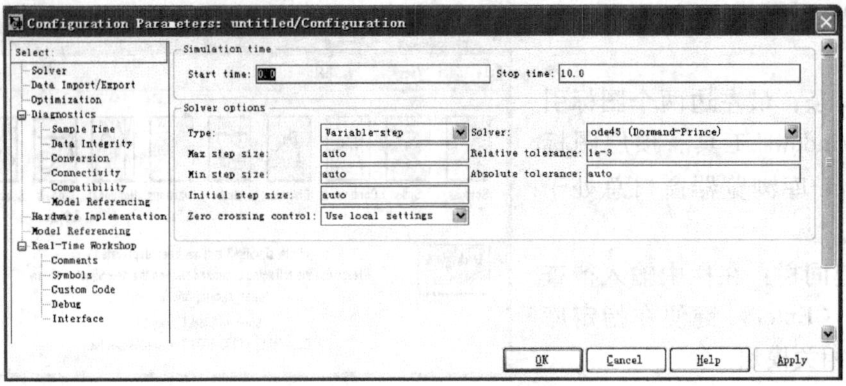

图 3-4 Simulink 设置窗口

1. 解算器参数设置

解算器参数设置用于设置仿真时间、解法器及输出项等的选择。

（1）仿真时间 这里所指的时间概念与真实的时间并不一致，只是计算机仿真中对时间的一种表示，比如 10s 的仿真时间，如果采样步长定为 0.1，则需要执行 100 步，若把步长减小，则采样点数增加，那么实际执行的时间就会增加。总的来说，执行一次仿真要耗费的时间依赖很多因素，包括模型的复杂程度、解法器及步长的选择、计算机时钟的速度等。仿真时间设置如图 3-5 所示。

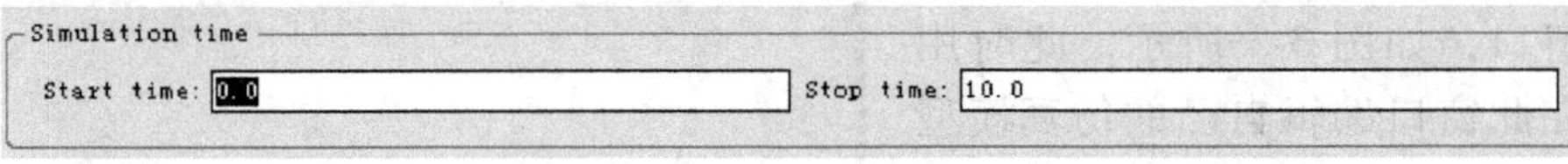

图 3-5 仿真时间设置

（2）仿真步长模式 用户在 Type 后面的第一个下拉选项框中指定仿真的步长选取方式，可供选择的有 Variable-step（变步长）和 Fixed-step（固定步长）方式。

变步长仿真类型设置窗口如图 3-6 所示。其中的 Type 用来选择仿真的步长是变化的还是固定的。变步长解法可以在仿真过程中根据要求调整运算步长，选择变步长方式则可以在仿真过程中改变步长，提供 Max step size（最大步长）、Min step size（最小步长）、Initial step size（初始步长）、Relative tolerance（误差控制）和 Zero crossing control（过零检测选择）。在解法选项中还可以根据下拉选项框中内容选择对应模式下仿真所采用的算法。“Solver options”的内容是针对解常微分方程组而设置的。

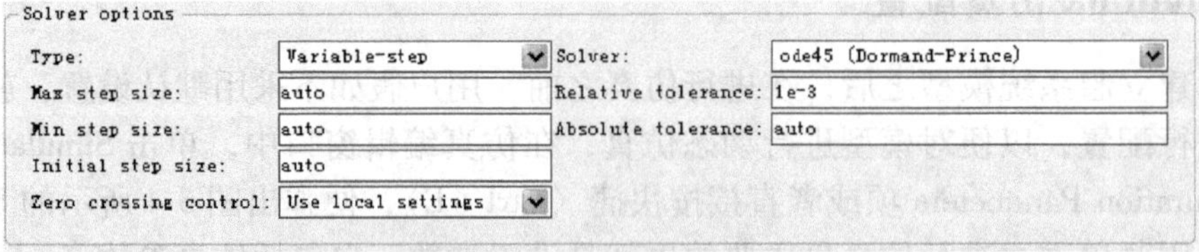

图 3-6 变步长仿真类型设置窗口

采用变步长解法时，应该先指定一个容许差限（在 Relative tolerance 或 Absolute tolerance 中设置），使得当误差超过这个误差限时自动修正仿真步长，所以说，在变步长仿真时误差限的设置将关系到常微分方程组解的精度。同时，采用变步长解法还要设置最大步长

（Max step size）。在默认（auto）的情况下，系统决定最大步长的公式为：最大步长 =（停止时间 - 起始时间）/50。

固定步长仿真类型设置窗口如图 3-7 所示。

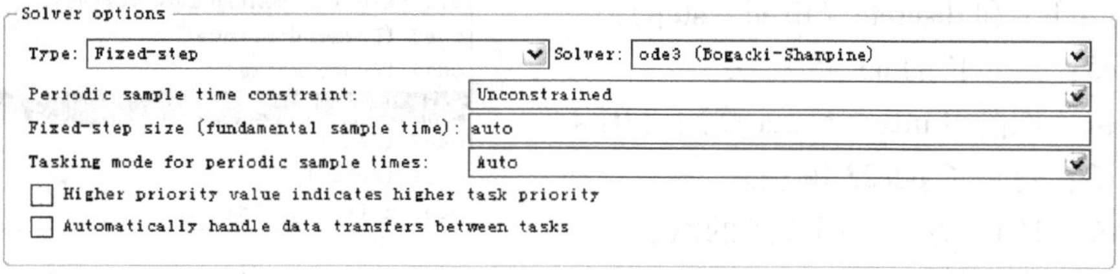

图 3-7　固定步长仿真类型设置窗口

在一些特定场合下往往还需要采用定步长的方法进行仿真，这时不能对误差限作出要求，只能设置固定的步长长度。选取定步长解法后，增加了一个选项：Mode（模型类型）。它包括的模型类型为多任务（MultiTasking）、单一任务（SingleTasking）和自动（Auto）。MultiTasking 模型指模型中的有些模块具有不同的采样速率，并对模块之间采样速率的传递进行检测；SingleTasking 模型的各个模块采样速率是相同的，不检测采样速率的传递；Auto 则根据模型中的采样速率是否相同决定采用 SingleTasking 模型，还是 MultiTasking 模型。

（3）选择仿真解法　有了模型以后，确定一个合适的解法是至关重要的。

如果模型全部是离散的，那么对变步长和定步长，解法都采用 discrete（no continuous states）。如果模型中含有连续状态，则可供选择的解法很多，而且对于变步长和定步长的情况供选择的解法是不同的。

第一类：变步长解法，其仿真解法设置如图 3-8 所示。

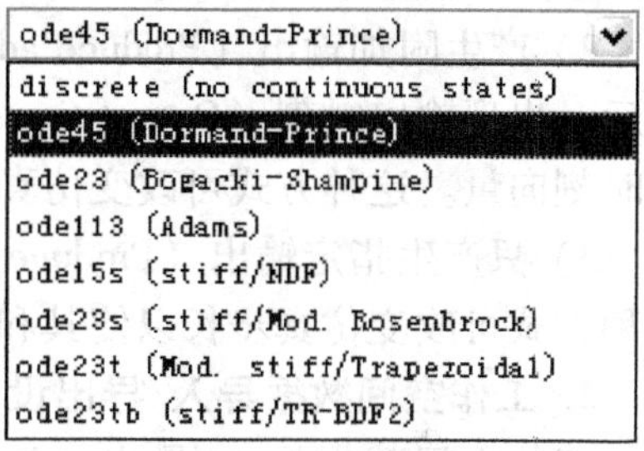

图 3-8　变步长仿真解法设置

可供选择的变步长解法有：ode45，ode23，ode113，ode15s，ode23s，ode23t，ode23tb 和 discrete（variable-step）。

☆　ode45：基于 Runge - Kutta 的四、五阶算法。它属于单步解法（只需要前一步的解就可以计算出当前的解），不需要附加初始值，因而，计算过程中随意改变步长也不会增加任何附加计算量，这是它的重要优点。

☆　ode23：基于 Runge - Kutta 的二、三阶算法，属于单步解法。

☆　ode113：可变阶次 Adams - Bashforth - moulton PECE 的算法，属于多步解法（需要前几步的解来计算当前的解）。

☆　ode15s：可变阶次的数值微分公式（NDFs）算法，属于多步解法。如采用 ode45 效果很差或者失败，可以考虑用此算法。

☆　ode23s：基于修正的 Rosenbrock 公式，属于单步解法。

☆　ode23t：采用自由内插法实现的梯形规则（trapezoidal rule）。

☆　ode23tb：TR - BDF2 方法的实现。即 Runge - Kutta 公式的第一级采用梯形规则、第二级采用 Gear 法（二阶 backward differentiation formula）。

☆　discrete（variable-step）：适用于模型中没有连续状态的情况，这时系统会自动选择这种方式。

第二类：定步长解法，其仿真解法设置如图 3-9 所示。

可以选用的定步长解法有：ode5，ode4，ode3，ode2，ode1 和 discrete（fixed - step）。

☆ ode5：定步长的 ode45 解法。

☆ ode4：四阶 Runge - Kutta 算法（RK4）

☆ ode3：定步长 ode23 解法。

☆ ode2：Henu 方法，即改进的欧位法。

☆ ode1：欧拉法。

☆ discrete（fixed-step）：不含积分运算的定步长方法，适用于没有连续状态的系统。

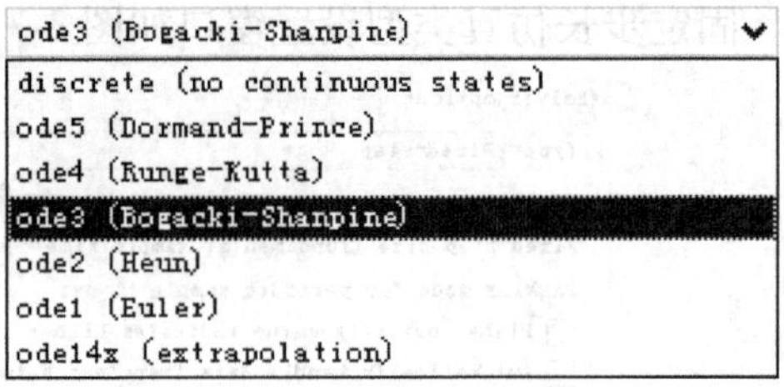

图 3-9 定步长仿真解法设置

（4）设置输出选项（Output Options） 对同样的信号，选择不同的输出选项后，到输出设备上的信号是不完全一样的。要根据需要选择合适的输出选项以达到满意的输出效果。

输出选项包括三种：细化输出、产生附加输出和只产生指定输出。

1）细化输出（Refine output）：可以增加输出数据的点数，使输出数据更加平滑。细化系数越大，输出的数据越平滑。默认的细化系数为 1。

2）产生附加输出（Produce additional output：允许指定产生输出的附加时刻。选择这一项后，出现输出时刻（Output times）编辑框，在这里可以输入计算附加时刻的表达式或附加时刻向量。这种方式可改变仿真步长以使其和指定的附加输出的时刻一致。

3）只产生指定输出（Produce specified output only）：只在指定输出时刻产生仿真输出。这种方式可改变仿真步长以使其和指定的产生输出的时刻相一致。

2. 工作空间数据导入/导出设置

工作空间数据导入/导出（Data Import/Export）设置的界面如图 3-10 所示。它主要在 Simulink 和 MATLAB 工作空间交换数值时进行有关选项，包括 Load from workspace、Save to workspace 和 Save options 三个选择项。

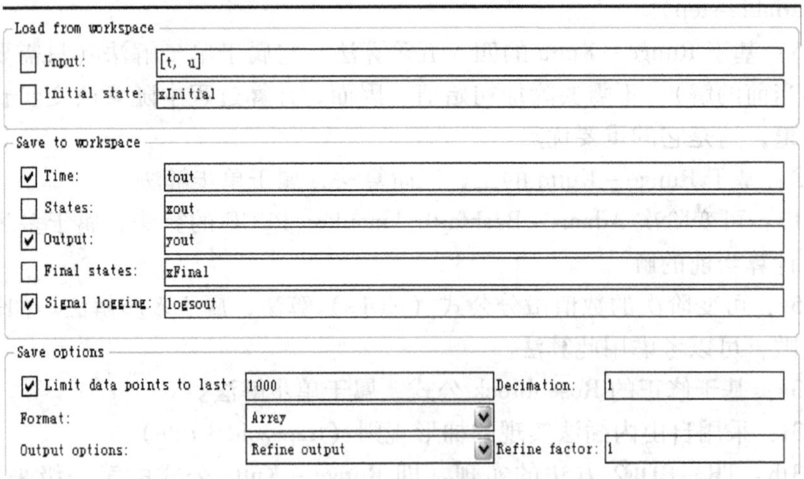

图 3-10 工作空间数据导入/导出设置界面

1）Load from workspace：选中 Input 前面的复选框即可从 MATLAB 工作空间获得时间和

输入变量，一般时间变量定义为 t，输入变量定义为 u。Initial state 用来定义从 MATLAB 工作空间获得的状态初始值的变量名。

2）Save to workspace：用来设置存在 MATLAB 工作空间的变量类型和变量名，选中变量类型前的复选框使相应的变量有效。一般存在工作空间的变量包括输出时间向量（Time）、状态向量（States）和输出变量（Output）。Final states 用来定义将系统稳态值存在工作空间时所用的变量名。

3）Save options：用来设置存在工作空间的有关选项。

3.3　常用的 Simulink 库模块

3.3.1　Simulink 基本库模块

Simulink 基本库模块见表 3-1 ~ 表 3-6。

表 3-1　输入源模块（Sources）

模块名	功能简介
Constant	常数
Signal Generator	信号发生器
Step	阶跃信号
Ramp	线性增加或减小的信号
Sine Wave	正弦波
Repeating Sequence	重复的线性信号，类似锯齿形
Discrete Pulse Generator	离散脉冲发生器，与采样时间有关
Pulse Generator	脉冲发生器，与采样时间无关
Chirp Signal	频率不断变化的正弦信号
Clock	输出当前的仿真时间
Digital Clock	按指定速率输出当前仿真时间
From File	从文件读数据
From Workspace	从当前工作空间定义的矩阵读数据
Random Number	高斯分布的随机信号
Uniform Random Number	平均分布的随机信号
Band-Limited White Noise	带限白噪声

表 3-2　接收模块（Sinks）

模块名	功能简介
Scope	示波器
XY Graph	两个信号的关系图，用 MATLAB 图形显示
Display	实时数据显示
To File	保存到文件
To Workspace	输出到当前工作空间的变量
Stop Simulation	输入不为零时停止仿真

表3-3 连续系统模块（Continuous）

模块名	功能简介
Integrator	积分环节
Derivative	微分环节
State-Space	状态方程
Transfer Fcn	传递函数
Zero-Pole	零-极点模型
Memory	把前一步的输入作为输出
Transport Delay	把输入信号按给定时间做延迟
Variable Transport Delay	按第二个输入指定的时间把第一个输入做延迟

表3-4 离散系统模块（Discrete）

模块名	功能简介
Zero-Order Hold	零阶保持器
Unit Delay	采样保持，延迟一个周期
Discrete-Time Integrator	离散时间积分
Discrete State-Space	离散状态方程
Discrete Filter	离散滤波器（IIR、FIR）
Discrete Transfer Fcn	离散传递函数
Discrete- Zero-pole	离散零极点模型
First-Order Hold	一阶保持器

表3-5 信号与系统模块（Signals & Systems）

模块名	功能简介
In1，Out1	为子系统或模型提供输入、输出端口
Enable	放到子系统中建立使能子系统
Trigger	放到子系统中建立触发子系统
Mux	把向量或标量组合为大的向量
Demux	把向量分为标量或小的向量
Bus Selector	从输入中选择信号
Selector	选择输入的元素
Merge	把输入信号合并为输出信号（标量）
From	接收标记（Tag）相同的Goto模块的信号
Goto Tag Visibility	定义Goto模型标记（Tag）的有效范围
Goto	把信号输送到标记（）相同的From模块
Data Store Read	从指定的数据存储器读数据
Data Store Memory	为数据存储器定义内存区域
Data Store Write	写数据到指定的数据存储器
Ground	将未连接的输入端接地，输出0
Terminator	连到未连接的输出端，终止输出信号
Data Type Conversion	数据类型转换
Function-Call Generator	函数调用发生器
Subsystem	空的子系统
Configurable Subsystem	表示从用户指定的模块库里选择的任何模块
Model Info	显示模型的修改信息
Hit Crossing	检测输入信号的零交叉点
IC	设置信号的初始值
Width	检查输入信号的宽度
Probe	检测连线的宽度、采样时间和（或）复数信号标记

表 3-6　数学运算模块（Math）

模块名	功能简介
Sum	对输入求代数和
Product	对输入求积或商
Dot Product	点积（内积）
Gain	常量增益（输入乘一个常数）
Slider Gain	可以用滑条改变的增益
Matrix Gain	矩阵增益（输入乘一个矩阵）
Math Function	数学运算函数
Trigonometric Function	三角函数
MinMax	求最值
Abs	求绝对值或求模（复数）
Sign	取输入的正负符号
Rounding Function	取整函数
Combinatorial Logic	建立逻辑真值表
Logical Operator	逻辑操作符
Relational Operator	比较操作符
Complex to Magnitude-Angle	求复数的幅值、相角
Magnitude-Angle to Complex	根据幅值、相角得到复数
Complex to Real-Imag	求复数的实部与虚部
Real-Imag to Complex	根据实部与虚部得到复数
Algebraic condtrant	强制输入信号为零

3.3.2　Simulink 电气系统模块库

在 MATLAB 命令窗口中键入“powerlib”，就可以打开电力系统（Power System）工具箱；也可以在 Simulink 库浏览器窗口的树状目录中寻找“SimPowerSystems”模块组，单击便可进入电力系统工具箱，其界面如图 3-11 所示。

（1）电源模块库（见图 3-12）

（2）元件模块库（见图 3-13）

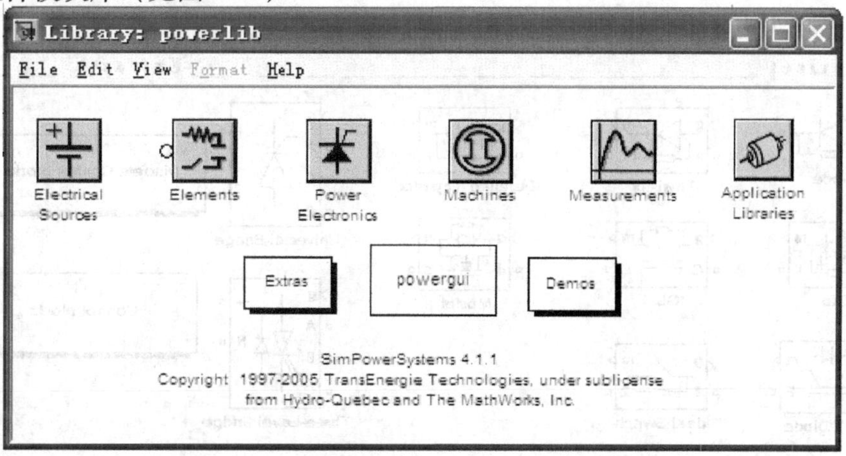

图 3-11　电力系统（Power System）工具箱界面

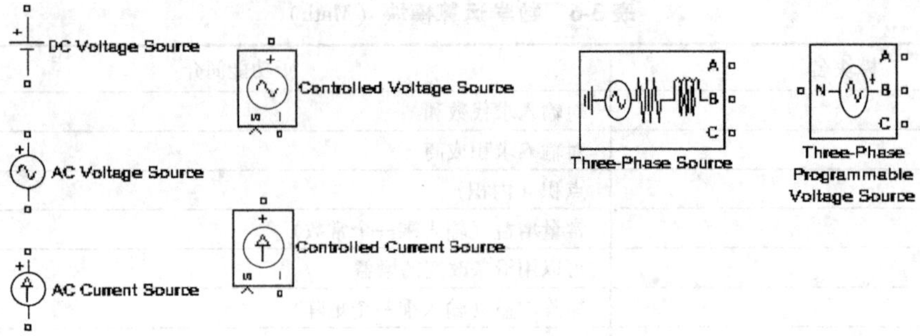

图 3-12 电源（Electrical Sources）基本模块图标

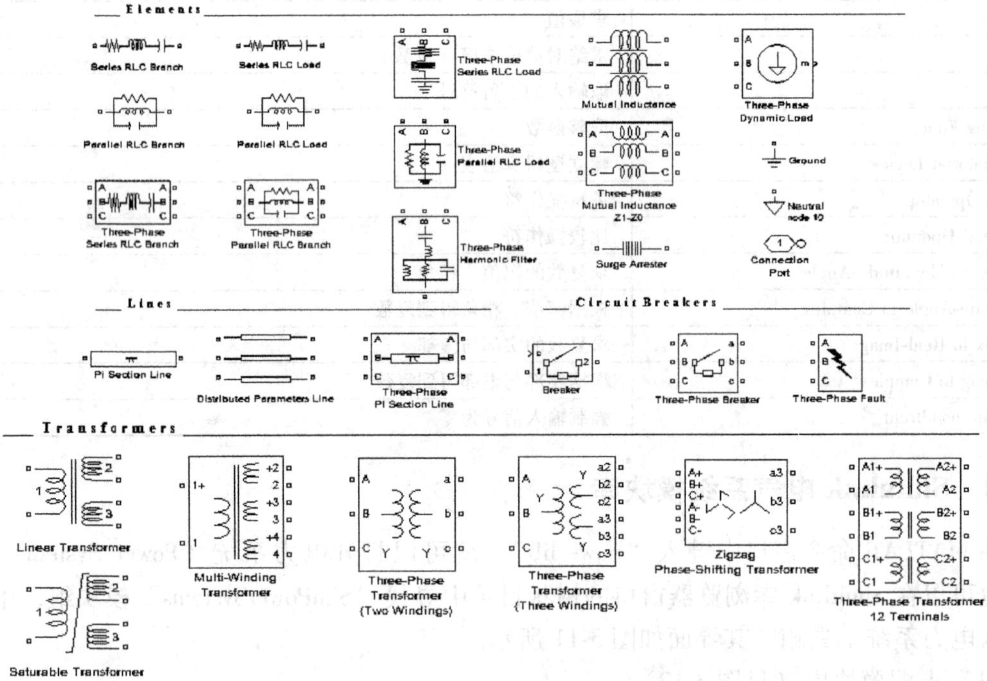

图 3-13 元件（Elements）基本模块图标

（3）电力电子器件模块库（见图 3-14）

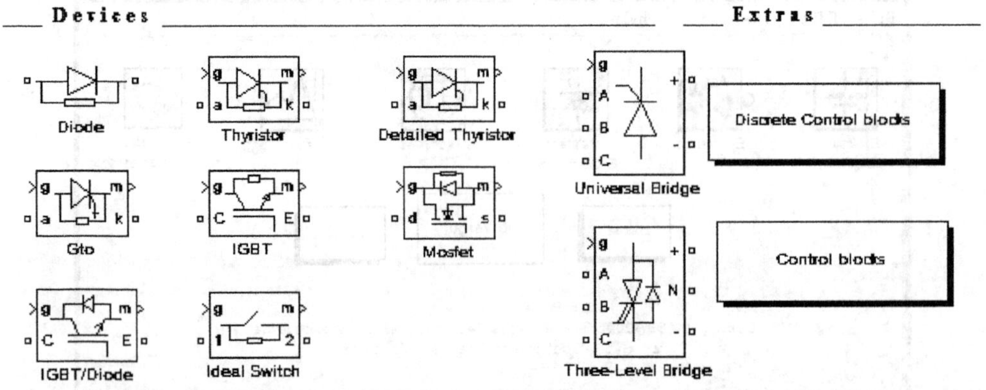

图 3-14 电力电子器件（Power Electronics）基本模块图标

（4）电动机模块库（见图 3-15）

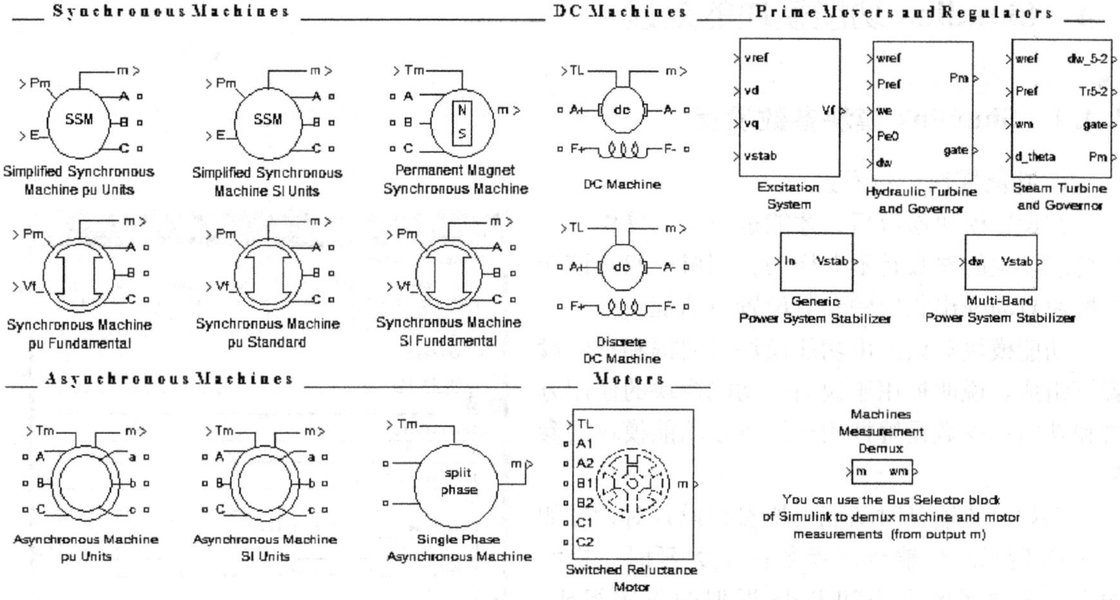

图 3-15　电动机（Machines）基本模块图标

（5）测量模块库（见图 3-16）

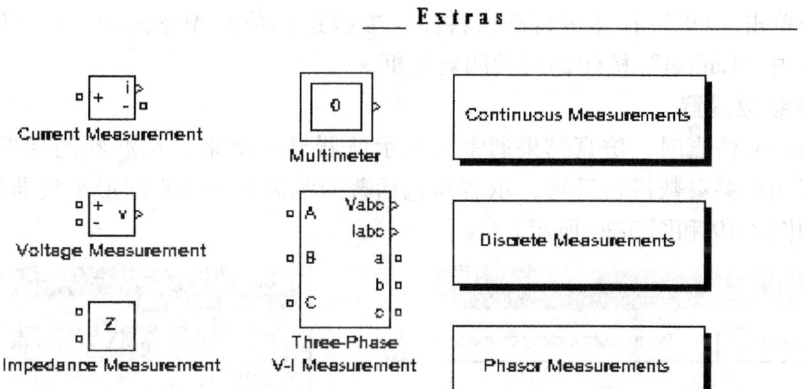

图 3-16　测量（Measurements）基本模块图标

（6）应用模块库（见图 3-17）

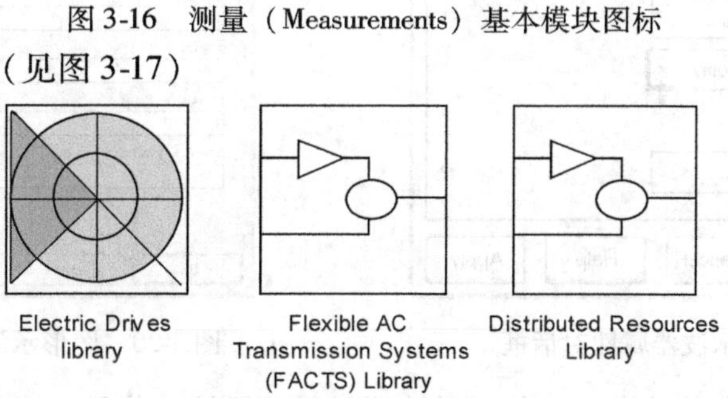

图 3-17　应用基本模块图标

3.4 Simulink 功能模块的处理

3.4.1 Simulink 模块参数设置

1. 功能模块参数设置

在设置模块参数后，才能进行仿真操作。不同功能模块的参数是不一样的，用鼠标双击该功能模块自动弹出相应的参数设置对话框。

功能模块对话框由功能模块说明框和参数设置框组成。说明框用于说明该功能模块的使用方法和功能；参数设置框用于设置该功能模块的参数。

例如：传输延时功能模块参数设置对话框如图 3-18 所示。传输延时参数由最大延时、初始输入、缓冲区的大小和 Pade 近似的阶次组成，用户可输入相关参数，每个对话框的下面有“OK”（确认）、“Cancel”（取消）、“Help”（帮助）和“Apply”（应用）四个按钮，设置功能模块参数后需单击“OK”按钮进行确认将设置参数送到仿真操作画面，并关闭对话框。如要取消则需单击“Cancel”按钮即可关闭对话框。

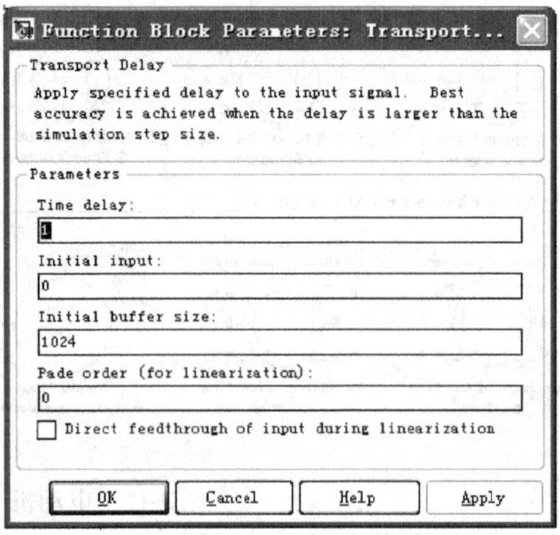

图 3-18 传输延时功能模块参数设置对话框

2. 示波器参数设置

采用 Simulink 仿真时，仿真结果通常通过示波器显示出来，示波器的结果直观且方便。需要对示波器的相关参数进行设置，示波器包括普通示波器和 XY 图形示波器两种，其属性对话框分别如图 3-19 和图 3-20 所示。

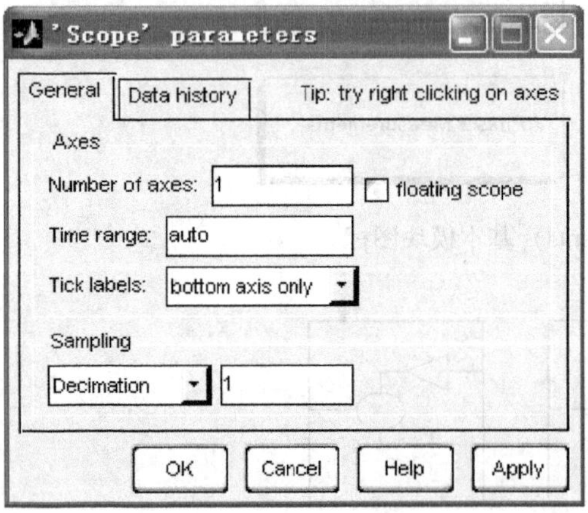

图 3-19 普通示波器属性对话框

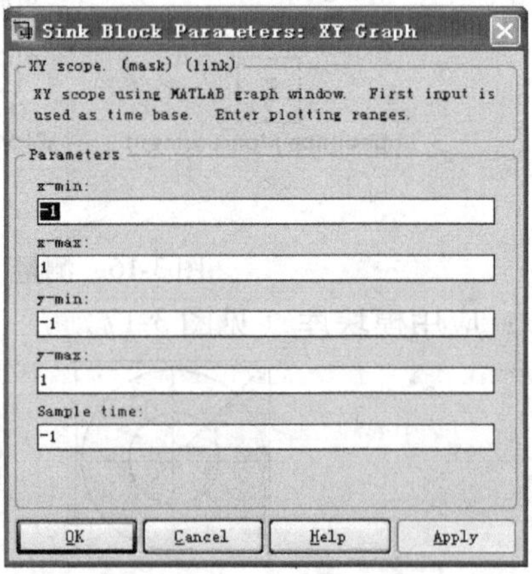

图 3-20 图形示波器属性对话框

（1）普通示波器参数的设置 普通示波器显示的是输入信号与时间关系的曲线

设置方法：双击已建立的示波器，将看到示波器的显示界面，单击此对话框的工具条中

的 设置图标，将弹出图 3-19 所示的示波器属性对话框。示波器属性对话框中包括两个标签，其中 General 标签可用于设置坐标窗口数、显示时间的范围、标记和显示频度可采样时间等。

（2）图形示波器参数的设置　图形示波器显示的是两个输入信号之间关系的曲线。

设置方法：在框图 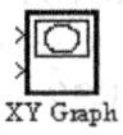

上双击鼠标左键，出现一个对话框，可用于设置 X 坐标和 Y 坐标的显示时间范围、标记和显示频度或采样时间等。如图 3-20 所示。

3.4.2　Simulink 模块的操作

模块是建立 Simulink 模型的基本单元。用适当的方式把各种模块连接在一起就能够建立任何动态系统的模型。

1. 选取模块库

先打开 Simulink 模块库浏览器窗口，双击鼠标左键即可看到在 Simulink 的下方出现一系列的模块库，选中所需的模块库然后单击鼠标右键，得到一个打开窗口信息条，移动鼠标到此条后单击左键即可打开此模块库。如图 3-21 所示，左边为模块库，右边为模块窗口。

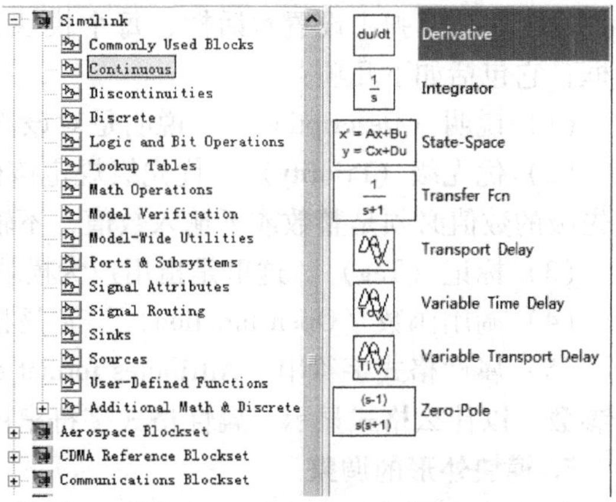

图 3-21　左边为模块库，右边为模块窗口

2. 选取模块

当选取单个模块时，只要用鼠标在模块上单击即可，这时模块角上出现黑色的小方块；选取多个模块时，在所有模块所占区域的一角按下鼠标左键不放，拖向该区域的对角，在此过程中会出现虚框，当虚框包住了要选的所有模块后，放开鼠标左键，这时在所有被选中模块角上都会出现小黑方块，表示模块都被选中。

3. 复制、删除模块

（1）在不同的窗口之间复制　当建立模型时，需要从模块库窗口或者已经存在的模型文件窗口把需要的模块复制到新建模型文件的窗口。要对已经存在的模型进行编辑时，有时也需要从模块库或另一个已经存在的模型文件窗口复制模块。

最简单的办法是用鼠标左键点住要复制的模块（首先打开源模块和目标模块所在的窗口），按住左键移动鼠标到相应的窗口（不用按住〈Ctrl〉键），然后释放，该模块就会被复制过来，而源模块不会被删除。还可以用“Edit”菜单下的“Copy”和“Paste”命令来完成复制：先选定要复制的模块，选择“Edit”菜单下的“Copy”命令，到目标窗口时，选择目标窗口中“Edit”菜单下的“Paste”命令即可。

（2）在同一窗口内复制　有时一个模型需要多个相同的模块，这时的复制方法如下：

用鼠标左键点住要复制的模块，按住左键移动鼠标，同时按下〈Ctrl〉键，到适当的位置放开鼠标，该模块就被复制到当前的位置。更为简单的方法是按住鼠标右键（不按〈Ctrl〉键）移动鼠标。

另一种方法是先选定要复制的模块，选择“Edit”菜单下的“Copy”和“Paste”命令来完成复制。如图 3-22 所示。

由复制的结果可以看出，复制出的模块名称在原模块的基础上又加了编号，这是 Simulink 的约定：每个模型中的模块和名称是一一对应的，不同的模块不能用一个名字。

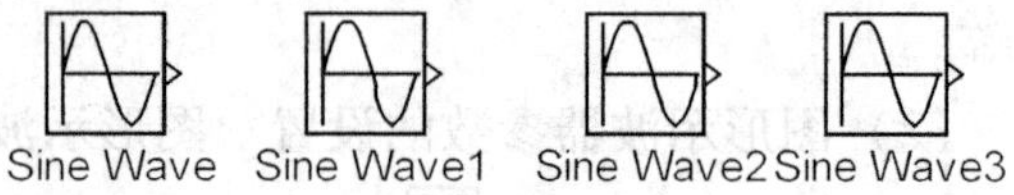

图 3-22 复制模块

（3）删除模块 选定模块，选择“Edit”菜单下的“Cut”（删除到剪贴板中）或“Clear”（彻底删除）命令；或者在模块上单击鼠标右键，在弹出菜单上选择“Cut”或“Clear”命令。

4. 模块的参数和特性设置

Simulink 中几乎所有模块的参数（Parameters）都允许用户进行设置。只要双击要设置参数的模块就会弹出设置对话框，每个模块都有一个内容相同的特性（Properties）设置对话框，它包括如下几项：

（1）说明（Description） 说明是对该模块在模型中用法的注释。

（2）优先级（Priority） 优先级规定该模块在模型中相对于其他模块执行的优先顺序。优先级的数值必须是整数或不输入数值，不输入数值时系统会自动选取合适的优先级。

（3）标记（Tag） 这里是指用户为模块添加的文本格式的标记。

（4）调用函数（Open function） 它是指当用户双击该模块时调用的 MATLAB 函数。

（5）属性格式字符串（Attributes format string） 它指定该模块的图标下显示模块的哪个参数，以什么格式显示。属性格式字符串由任意的文本字符串和嵌入式参数名组成。

5. 模块外形的调整

（1）改变模块的大小 选定模块，用鼠标点住其周围的四个黑方块中的任意一个拖动，这时会出现一个虚线的矩形以表示新模块的位置，到需要的位置后释放鼠标即可。

（2）调整模块的方向 选定模块，按鼠标左键选取下拉菜单中的“Format”选项，选择“Rotate Block”使模块旋转 90°，选择“Flip Block”使模块旋转 180°。

6. 模块名的处理

（1）模块名的显示与否 选定模块，按鼠标左键选取下拉菜单“Format”中的“Hide Name”选项，模块名就会被隐藏，同时“Hide Name”改为“Show Name”。选取“Show Name”就会使模块隐藏的名字显示出来。

（2）修改模块名 用鼠标左键单击模块名的区域，这时会出现编辑状态的光标，在这种状态下可对模块名随意修改。

模块名和模块图标中的字体也可以更改，方法是选定模块，按鼠标左键在下拉菜单“Format”中选取“Font”，这时就会弹出“Set Font”对话框，在对话框中可选取想要的字体。

（3）改变模块名的位置 模块名的位置有一定的规律，当模块的接口在左右两侧时，模块名只能位于模块的上下两侧，默认时在下侧；当模块的接口在上下两侧时，模块名只能位于模块的左右两侧，默认时在左侧。

因此，模块名只能从原来位置移到相对位置。可以用鼠标拖动模块名到其相对的位置，也可以选定模块，用菜单“Format”下的“Flip Name”实现相同的移动。

3.4.3　模块的连接

1. 连接两个模块

这是最基本的情况：从一个模块的输出端连到另一个模块的输入端。方法是在移动鼠标到输出端时，鼠标的箭头会变成十字光标，这时点住鼠标左键，移动鼠标到另一个模块的输入端，当十字光标出现“重影”时，释放鼠标左键就完成了连接。

如果两个模块不在同一水平线上，连线则是一条折线。若要用斜线表示，则需要在连接时按住〈shift〉键。模块的两种连线结果如图 3-23 所示。

2. 模块间连线的调整

一是先把鼠标移到需要移动的线段的位置单击鼠标左键，然后按住鼠标左键移动到目标位置，释放鼠标。如图 3-24 所示。

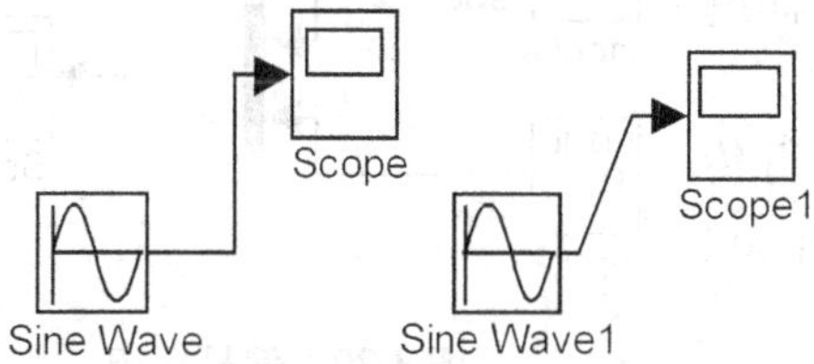

图 3-23　模块的两种连线结果

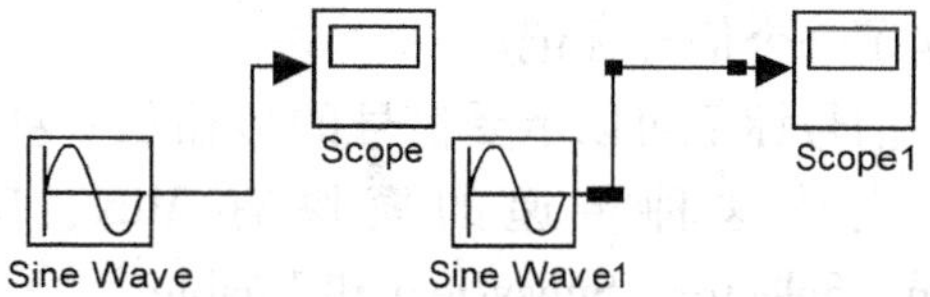

图 3-24　模块间连线的调整一

二是把一条直线分成斜线段。调整方法和前一种情况类似，不同之处在于按住鼠标之前要先按下〈Shift〉键，出现小黑方块之后，用鼠标点住小黑方块移动，移好后释放〈Shift〉键及鼠标即可。如图 3-25 所示。

3. 在连线之间插入模块

把该模块用鼠标拖到连线上，然后释放鼠标即可。

4. 连线的分支

当需要把一个信号输送到不同的模块时，就要用到分支结构的连线。具体步骤是：在先连好一条线之后，把鼠标移到支线的起点位置，先按下〈Ctrl〉键，然后按住鼠标拖到目标模块的输入端，释放鼠标和〈Ctrl〉键。如图 3-26 所示。

图 3-25　模块间连线的调整二

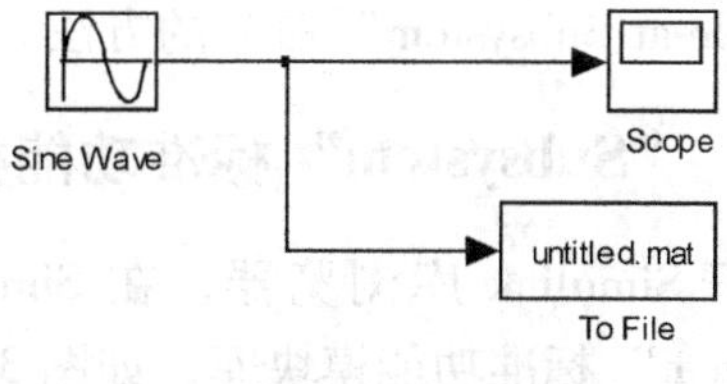

图 3-26　连线的分支

5. 在连线上反映信息

（1）用粗线表示向量　为了能够比较直观地区别各个模块之间传输的数据是变量还是矩阵（向量），可以选择模型文件菜单“format”下的“Wide Vector Lines”选项，这样传输向量的连线就会变粗。如果再选择“format”下的“Vector Lines Widtjs”选项，在传输矩阵的连线上方会显示出通过该连线上的矩阵维数。如图 3-27 所示。

（2）显示数据类型　要在连线上显示前一个模块输出的数据类型，可选择菜单“format”下的“Port Data Types”选项。如图 3-28 所示。

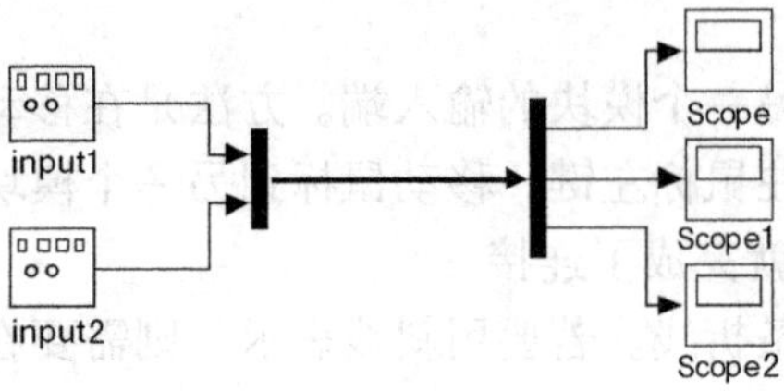

图 3-27 用粗线表示向量

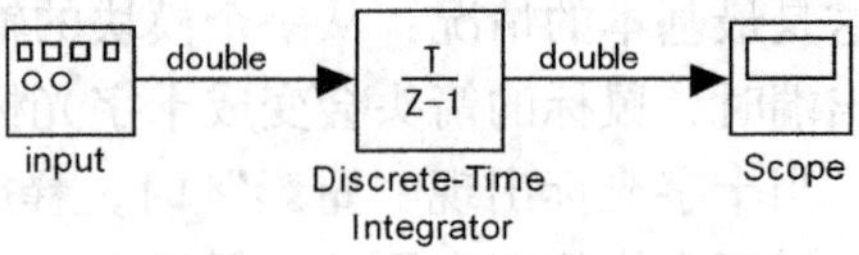

图 3-28 显示数据类型

（3）信号标记 为了使模型更加直观、可读性更强，可以为传输信号作标记。

建立信号标记的方法是：双击要作标记的线段，出现一个小文本编辑框，在里面输入标记的文本，这样就建立了一个信号标记。

信号标记可以承受信号的传输从一些模块中进行传递。支持这种传递的模块有 Mux、Demux、Inport、From、Selector、Subsystem 和 Enable。

要实现信号标记的传递，需要在上面列出的某个模块的输出端建立一个以“ < ”开头的标记。如图 3-29 所示。

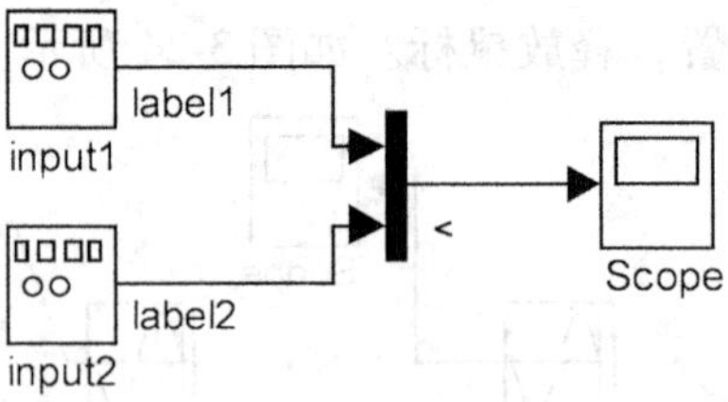

图 3-29 信号标记

3.5 Simulink 自定义功能模块

对于复杂的大型控制系统，创建模块化的结构图模型是最佳的形式，因为这样的模型结构清晰，上下层次分明，相互关系明确。为实现模块化的要求，Simulink 提供了定义子系统的功能，将现有的多个功能模块组合起来，形成新的功能模块，对于很大的 Simulink 模型，通过自定义功能模块可以简化图形，减少功能模块的个数，有利于模型的分层构建。

Simulink 窗口下自定义子系统采用两种方法：其一是采用 Simulink 库浏览器“Ports & Systems”模块库中的“Subsystem”标准功能模块；其二是在模型窗口中执行菜单“Edit”下的“Creat Subsystem”命令的方法。无论哪一种方法都可以自定义子系统。

3.5.1 “Subsystem”标准功能模块定义子系统

打开 Simulink 库浏览器，在 Simulink 基本库中选取“Ports & Systems”模块库中的“Subsystem”标准功能模块库，如图 3-30 所示，这是建立功能子系统的模板。

在模块库中找到“Subsystem”模块，按住鼠标左键将其拖到 Model 编辑窗口下，如图 3-31 所示。双击“Subsystem”框图，在模块“In1”与“Out1”之间搭建所需的子系统即可。

直流调速系统框图中，先用图 3-32 所示的“Subsystem”模块来替代电动机电枢传递函数及传动装置传递函数方框部分，如图 3-33 所示。

双击“Subsystem”框图，将虚线方框部分嵌入在模块“In1”与“Out1”之间，如图 3-34 所示。

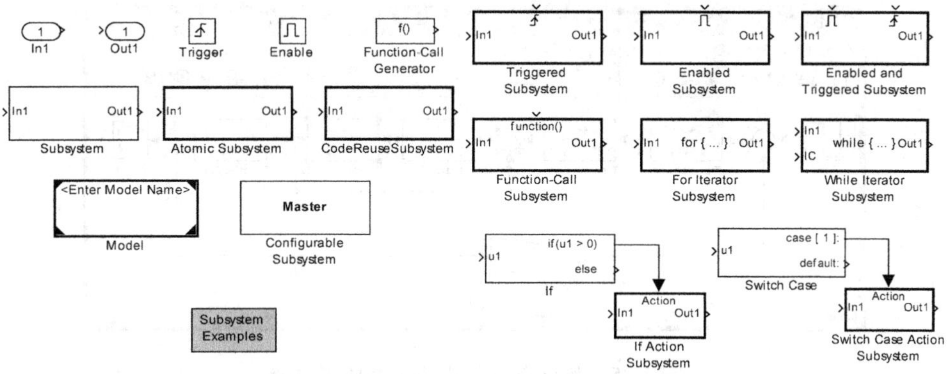

图 3-30　“Subsystem”标准功能模块库

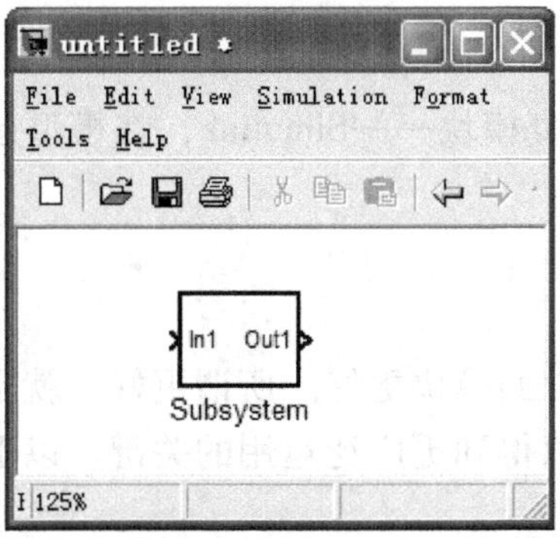

图 3-31　“Subsystem”框图

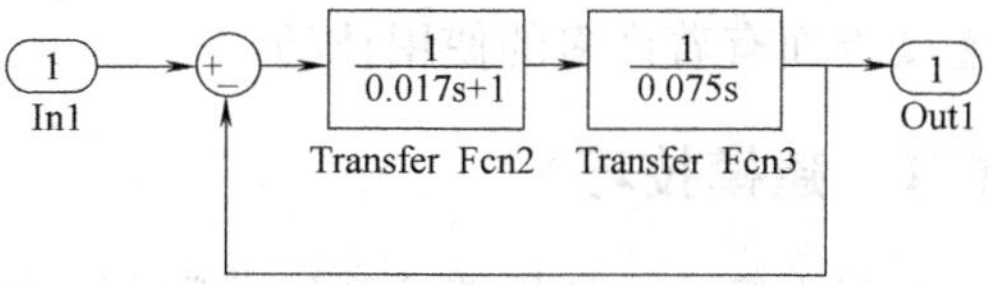

图 3-32　Subsystem 子系统的模块组

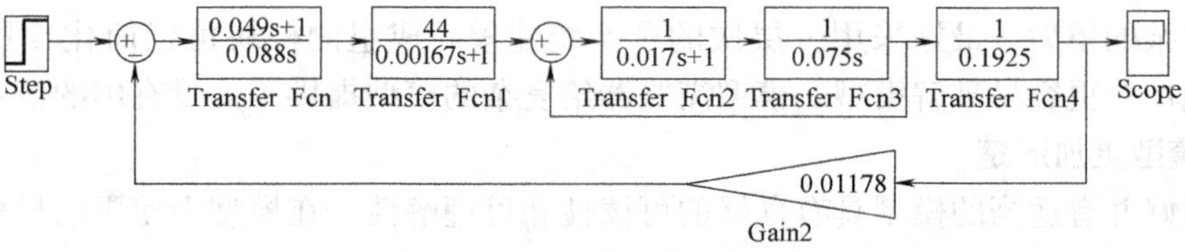

图 3-33　直流调速系统框图

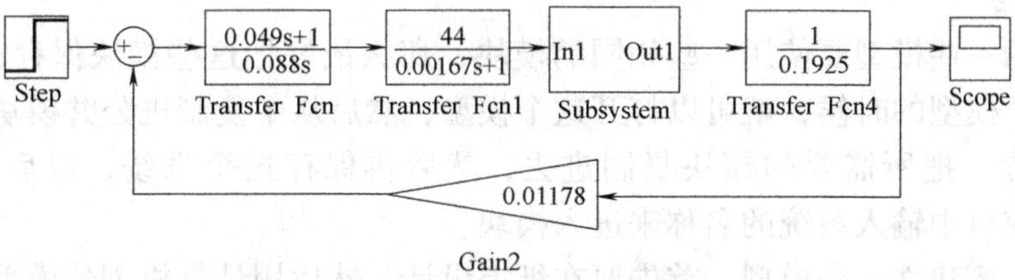

图 3-34　组合后的结果

3.5.2　采用 Simulink 中的“Creat Subsystem”命令定义子系统

选中虚线方框部分，如图 3-35 所示，执行菜单“Edit”下的“Creat Subsystem”命令后，虚线方框部分立即被“Subsystem”模块所替代。

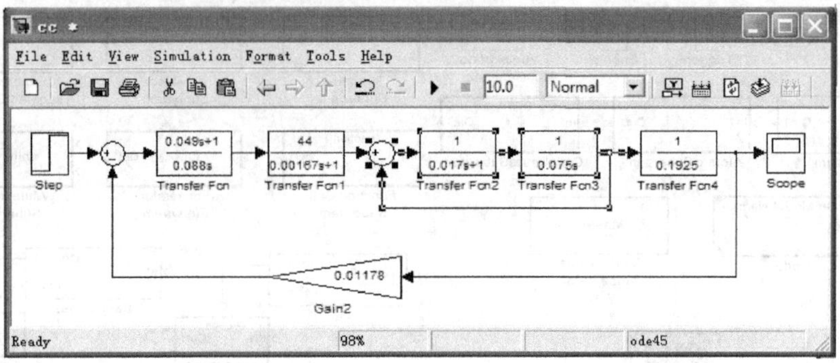

图 3-35 将已存在的模块组合成子系统

3.6 Simulink 使用技巧

作为 MATLAB 组成中最为常用也是十分重要的仿真模块——Simulink，在模型建造和运行速度方面有着许多的使用技巧。

3.6.1 建模技巧

在建立模块中如果能注意以下问题，则可以使建立的模块更好。所谓更好，就是有良好的可读性和可扩展性。这些都是用户所建立的模型可以得到更广泛运用的关键。以下提示对建立模型非常有用。

1. 内存问题

一般来说，内存越大，Simulink 的表现越好。

2. 使用分层模式

对于复杂的模型，最好采用分层次的子系统建模。成组的模块可以简化顶层模块的结构，使其他用户更容易理解模型。模型浏览器给复杂的模型提供了大量有用的信息。

3. 使模型更加清楚

组织良好并有适当的模型具有良好的可读性和可理解性。在模型中使用信号标志和模块注释可以帮助用户描述在模型中到底发生了什么。

4. 建模策略

如果用户的一些模型要使用一些相同的模块，那么最好把这些模块保存在一个模型中。当用户新建一个模型的时候，就可以打开这个模型，然后从中复制进公共模块。用户还可以创建一个模块库，把所需要的模块复制进去，然后再保存这个系统，以后用户就可以在 MATLAB 命令窗口中输入系统的名称来进入模块。

一般来说，要建立一个模型，首先要在纸上设计，然后用计算机创建模型。把所有的模块都放置到模型窗口中，再用信号线连接它们。这样，用户就可以减少打开模型库的次数了。

3.6.2 提高仿真的效率和精度

仿真的效率和精度由很多因素决定，包括模型的设计和仿真参数的选择。积分方法及其默认的参数精确而有效地操纵了大多数模型的仿真。然而，对于一些模型，如果用户调整积分方法和参数则可以得到更好的结果。同时，如果用户知道模型行为的信息，将这些信息提供给积分法，则可以提高仿真的结果。

1. 加速仿真

有很多原因会降低仿真的速度，这里有如下一些原因。

1）用户模型包含了 MATLAB Fcn 模块。这时，MATLAB 解释程序每一步都要执行，大大降低了仿真的速度。因此任何时候都要使用内置的 Fcn 模块或者基本数学计算模块。

2）用户模块中包含了 M 文件的 S 函数。M 文件的 S 函数也导致每一步都执行 MATLAB 解释程序，tmyc. qeunr 方法是把 S 函数转换为子程序，或者是转换为 C -MEX 文件的 S 函数。

3）用户模型包含了 Memory 模块，使用 Memory 模块导致可变阶的积分方法在每一步开始时都会置为 1。

4）用户把最大步长改得太小，试着使用默认值（auto）。

5）用户把精度定得太高了，一般来说，默认的相对误差为 0.1% 就足够了。对于有接近零状态的模型，如果绝对误差参数太小，仿真在接近零状态值附近的计算步骤就会太多。

6）仿真时间太长，试着减小时间间隔。

7）模型包含了代数环。代数环的解决方案在每一步都反复计算，因而严重降低了效率。

8）用户模型将一个 Random Number 模块传给一个积分模块。解决的方法是在连续系统中使用 Sources 库的有限带宽的白噪声模块。

2. 提高仿真精度

要检测一个仿真的精度，需在一个合理的时间内运行仿真。然后，减小相对精度为 1e-4 或者以绝对精度再次运行，比较两次仿真的结果。如果结果不是明显不同，用户可以确信解法是收敛的。

如果仿真在开始时错过了重要的步骤，减小初始步长以保证仿真不会错过重要的步骤，如果仿真的结果在时间上变得不稳定，可能是由以下原因造成的：

★　用户系统不稳定；

★　用户使用的是 ode15，应该取仿真最大阶数为 2 或者 ode23 方法；

★　对于一个有接近零状态的模型，如果绝对误差参数太大，则仿真在接近零状态值附近的计算步骤太少。

3.7　Simulink 仿真实例

Simulink 是系统模型处理和仿真的十分有用的工具，在 Simulink 环境下提供了很多信号图标，用户可以由这些图标来组合输入信号，Simulink 还提供了查表方式产生输入信号的方法，除此之外，还允许用户直接输入如锯齿波、方波和正弦波等常用输入信号，故 Simulink 特别适合于仿真系统模型。

例 3-1　已知一闭环系统结构框图如图 3-36 所示，其中，系统的前向通道的传递函数为

G(s)，而且前向通道有一个［-0.2 0.5］的限幅环节，图中用 N 表示，反馈通道的增益为 1.5，系统为负反馈，阶跃输入经 1.5 倍的增益作用到系统，试利用 Simulink 对该闭环系统进行仿真，要求观测其单位阶跃响应曲线。

解 (1) 在 MATLAB 的命令窗口下，单击工具栏中的按钮，打开 Simulink Library Browser 窗口，在此窗口进入“File” → “New” → “Model”，就会打开一个 untitled 窗口。

(2) 根据题意在 Simulink Library Browser 窗口中选定需要使用的模块，依次拖入到 untitled 窗口里，各功能模块按逻辑关系连接起来，即构成系统框图。系统的 Simulink 仿真框图如图 3-37 所示。

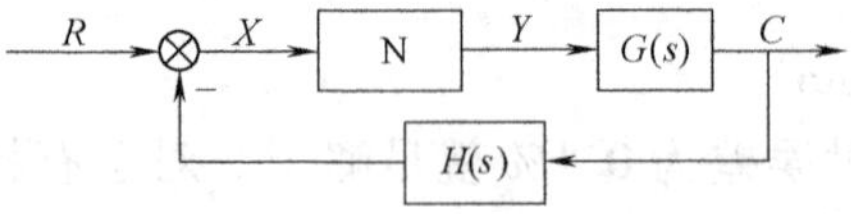

图 3-36 闭环系统结构框图

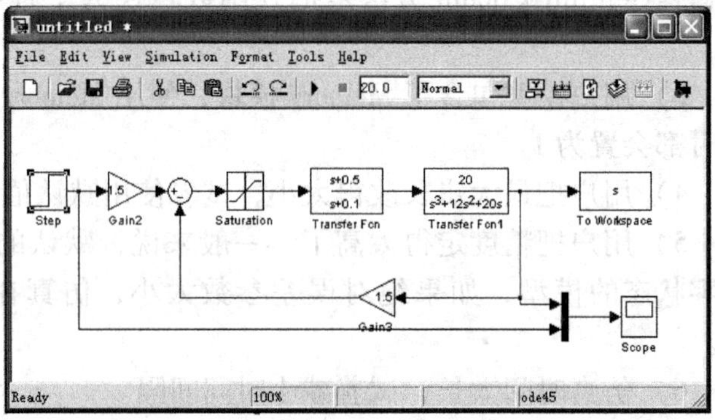

图 3-37 例 1 的 Simulink 仿真框图

(3) 开始设定模块参数。双击某一个模块，就会出现该模块的设置窗口，然后按题目要求设置参数。模块参数设置窗口如图 3-38 所示。

在 Simulink 仿真中常用的一个模块是 To Workspace，它把 Simulink 仿真的数据传送到工作空间中，以供 MATLAB 程序使用。用鼠标双击该模块，就得到该模块的模块参数对话框，如图 3-39 所示。

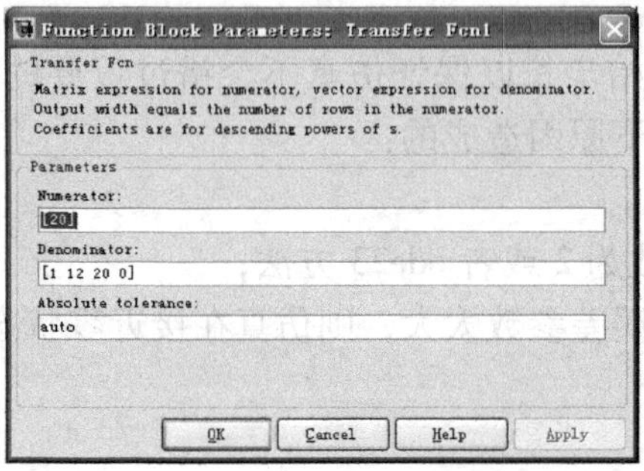

图 3-38 模块参数设置窗口

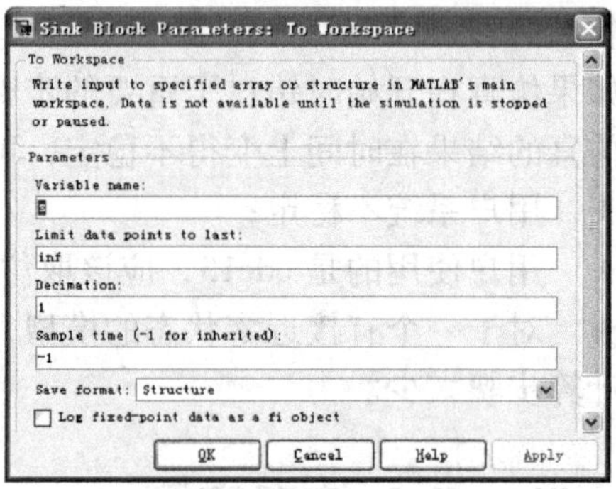

图 3-39 To Workspace 模块参数对话框

本例中，需要传输数据向量 c 和 t，在 Variable name 编辑框中输入向量 c，save format 编辑选择 Array（数组），然后单击“OK”即可完成设置。程序运行后，向量 c 和 t 以各自的变量名存于 MATLAB Workspace 中。

(4) 设置仿真器参数。如仿真时间、仿真步长等参数。

(5) 所有工作全部完成后就可以运行仿真。单击按钮即可。

（6）示波器输出结果如图 3-40 所示。

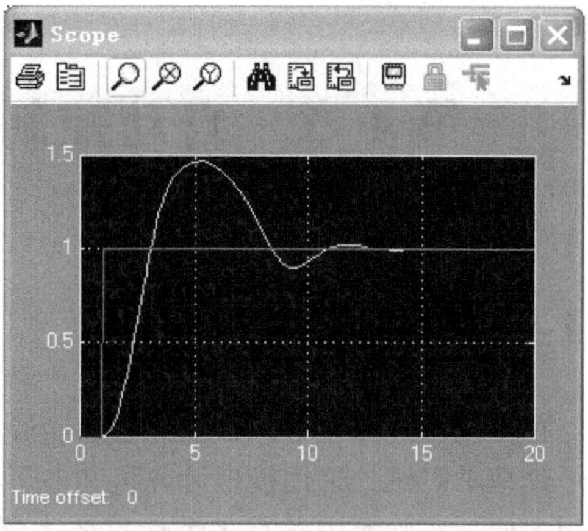

图 3-40　示波器输出结果

根据系统的 Simulink 动态结构图，可用 linmod（）或 linmod2（）函数命令的结构图模型提取一个平衡工作点的线性模型。有了线性模型，在函数指令方式下的时域仿真不会有任何问题。

结构图模型指令下的仿真，其系统 Simulink 动态结构图中，输入与输出环节必须采用“In1”与“Out1”模块，因为进行何种仿真都是由命令来决定的。单闭环调速系统结构图如图 3-41 所示。

例 3-2　图 3-41 所示的单闭环调速系统结构图，用两种方法求其系统的单位阶跃响应。

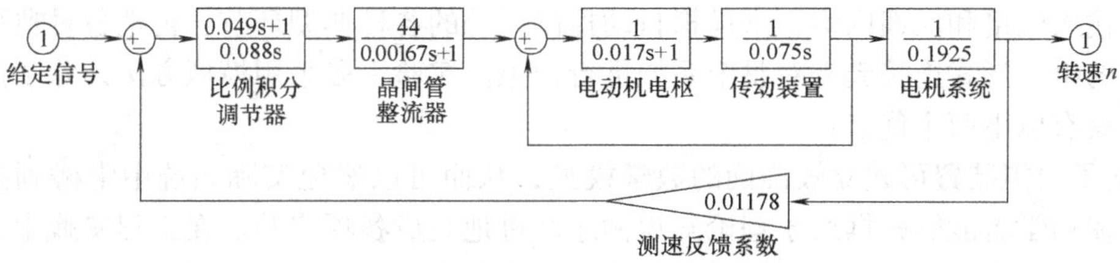

图 3-41　单闭环调速系统结构图

使用命令方式进行仿真，结果如图 3-42a 所示。

```
[a,b,c,d] = linmod/linmod2 ('模型名');      % 对模型结构图进行线性化
[num,den] = ss2tf(a,b,c,d);                  % 将状态方程形式转化为传递函数形式
step(num,den);                               % 求取单位阶跃响应曲线
```

如果在 Simulink 窗口下进行系统的时域仿真，输入与输出环节就不能采用“In1”与“Out1”模块，只好使用进行仿真的信号源模块与观察仿真结果的输出模块。使用 Simulink 动态结构图进行仿真，结果如图 3-42b 所示。

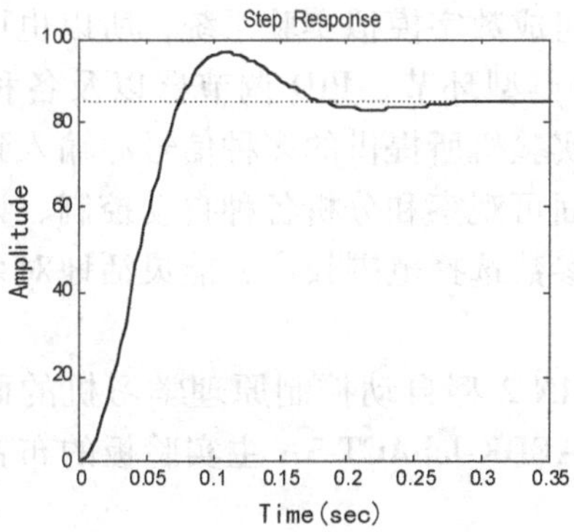

a）命令方式仿真结果

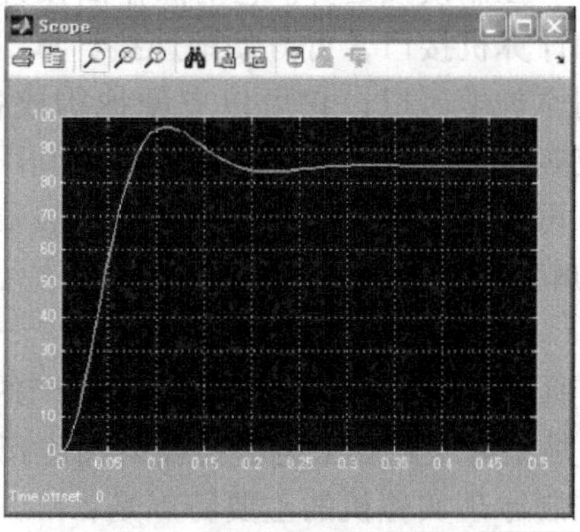

b）Simulink 仿真结果

图 3-42　单位阶跃响应曲线

第4章　自动控制系统的模拟计算机仿真

4.1　概述

在控制理论课程中，目前拥有的实验设备是电子模拟学习机。这种专为教学实验制造的电子模拟学习机，采用模拟计算机和电子模拟装置进行控制系统的模拟实验。它体积较小，使用方便，实验箱中备有多个运算放大器构成的独立单元，再加上常用的电阻、电容等器件，通过手工连线，可以构成多种特性的被控对象和控制器。

根据模拟装置运算放大器的基本特性（开环增益高，输入阻抗大，输出阻抗小）设置了不同的输入网络和反馈网络，来模拟自动控制系统的各种典型环节，再把各种典型环节按实验系统的组成形式连接起来对整个系统进行模拟。实验手段采用模拟方法，除了灵活方便之外，还具有以下两个优点：

1）电子模拟装置可建立较准确的数学模型，从而可以避免实际系统中常碰到的各种复杂因素，使初学者能够根据所学理论知识循序渐进地完成各项实验。在工程实践中，电子模拟方法有一定的实用价值，也是实验室常用的一种实验方法。

2）对于将来从事实际工作的学生来说，仅仅掌握模拟实验方法还是不够的，应在此基础上进行一些以实际系统为主要对象的实验训练。

4.2　自动控制原理模拟机的组成

现在普遍使用的自动控制原理模拟机大多是由模拟运算单元像积分器和加法器等组成的，这些模拟运算单元的输入回路和反馈回路上配有多个各种参数的电阻、电容，因此可以完成各种自动控制模拟运算。它的操作面板直观显示了运算单元的连接方式，并且具有直流稳压电源和计算机接口，可方便地连接计算机，组成数字模拟实验系统，所以也可作为专用的自动控制原理学习机；它可以方便地构成各种典型环节、PID 调节器以及各种非线性环节，组合成典型的二阶以及三阶系统等。利用本实验机所提供的多种信号源输入到模拟运算单元中去，再使用本实验机提供的虚拟示波器界面可观察和分析各种自动控制、计算机控制原理实验的响应曲线。它使用简单，操作方便，参数选择范围较广，能灵活地对系统进行电子模拟。

图4-1 所示为清华大学科教仪器厂生产的 XMN-2 型自动控制原理学习机的面板图。而图4-2 所示是上海埃威航空电子有限公司生产的 AEDK-labACT-3A 主实验板的布置简图。这两种自动控制原理实验机的主要特点是：

1）专为自动化专业设计，整机结构合理，单元电路设置符合自动控制原理实验要求，参数改变灵活，操作方便。

2）使用的运算放大器具有高增益，输入失调电压、电流较小等优点，由它组成的加法

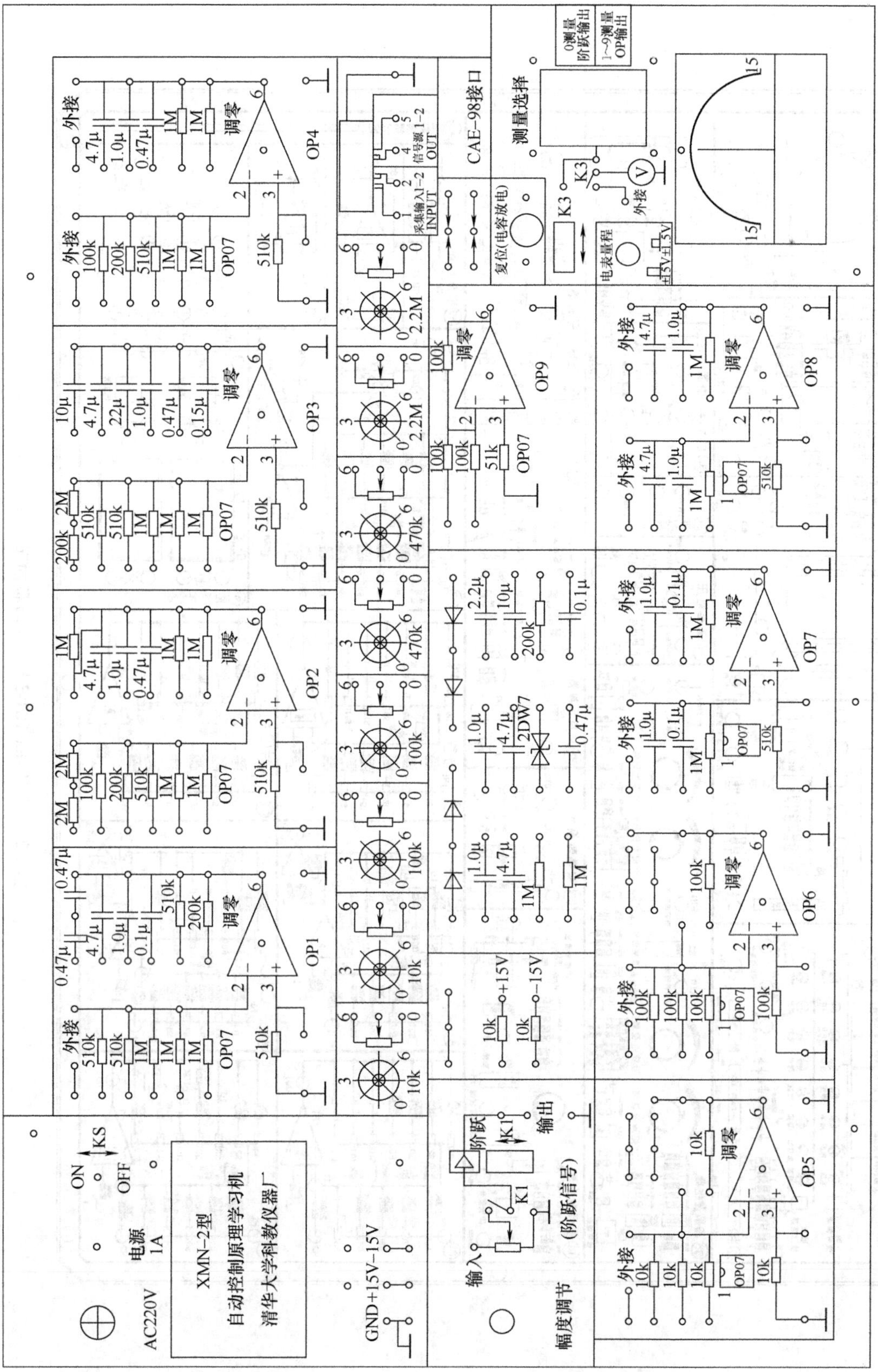

图 4-1　自动控制原理学习机

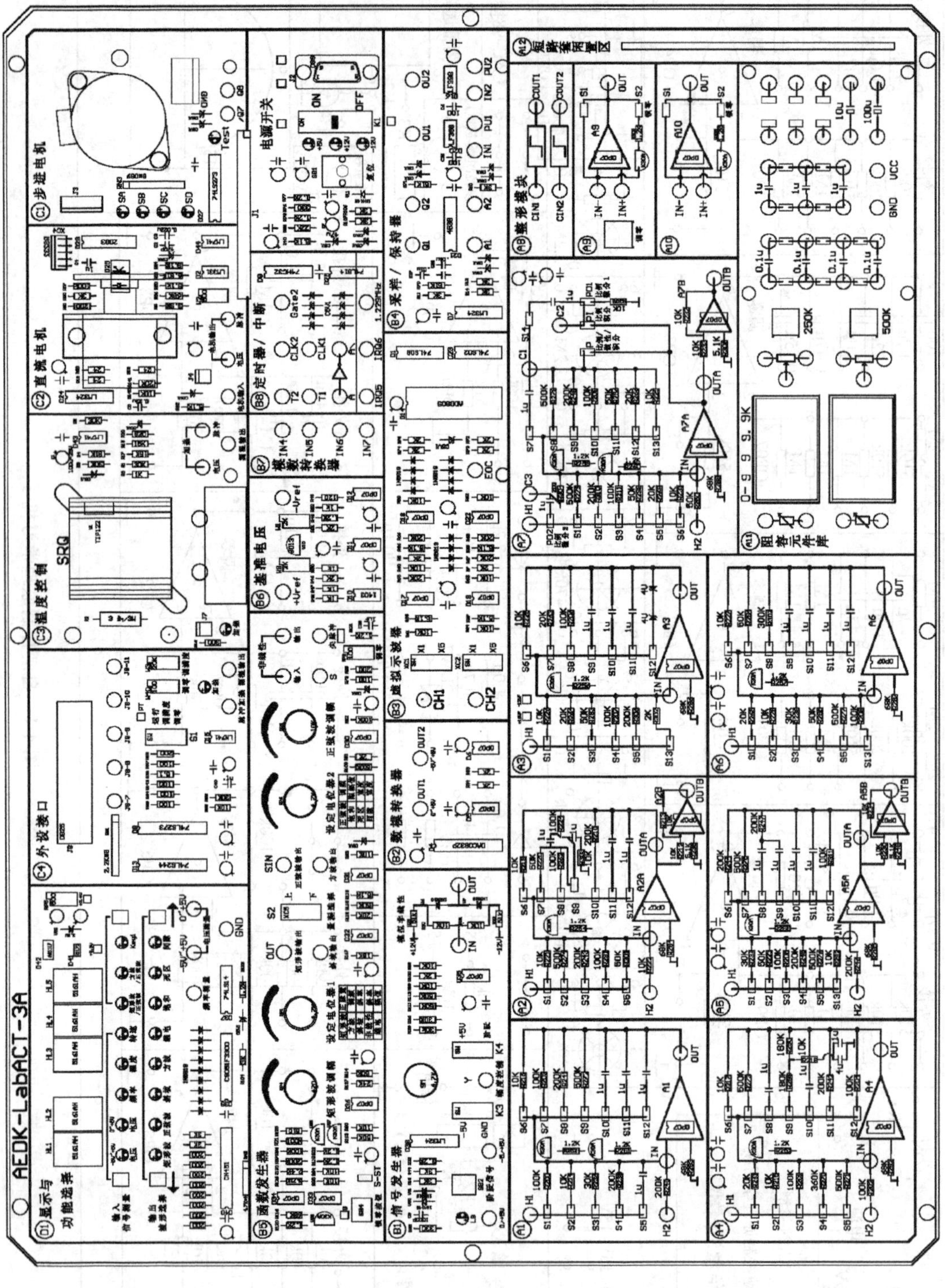

图 4-2 AEDK-labACT-3A 主实验板的布置简图

器和积分器的“零点”和“积分”漂移也都很小。

3）在操作面板上都设置了“复位”键，能方便地消除积分电容上的残余电荷，从而提高了本机重复运算的精度。

4）具有计算机接口，可方便连接计算机，组成数字/模拟实验系统。

以自动控制理论电子实验箱为核心的常用的实验设备和仪器，共同完成对各种实验对象的模拟和测试任务。传统的测试手段下，构成基本实验的必备仪器有以下几种：电子模拟实验箱、超低频双踪示波器、超低频信号发生器以及万用表等。

按照被测系统的数学模型，在电子模拟学习机上用基本运算放大单元模拟出相应的电路模型，然后按图 4-3 所示的方法进行模拟实验测试。

随着计算机软、硬件的快速发展，人们越来越多地利用计算机实现的虚拟仪器代替传统仪器。目前，大多数实验室都用计算机来实现信号的产生、测量与显示、系统的控制及数据处理，使实验过程更方便，功能更强大。现在的模拟实验组件是按图 4-4 来实现的。

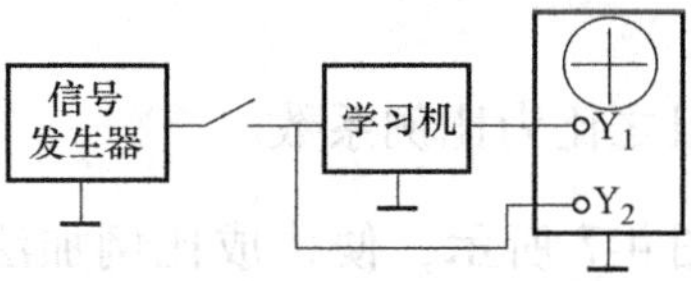

图 4-3　传统仪器组合

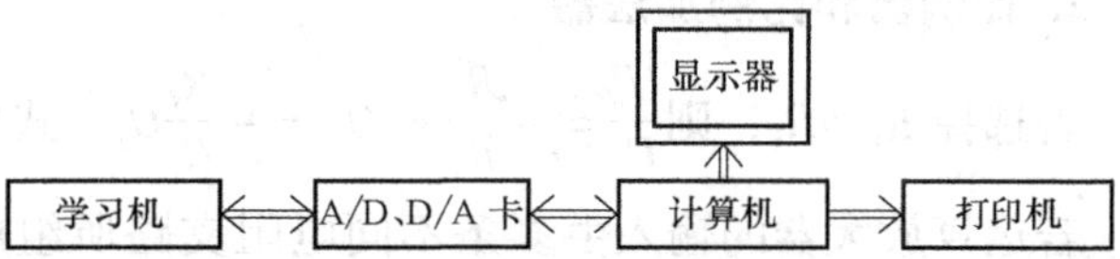

图 4-4　计算机仿真模拟实验

A/D、D/A 卡完成模拟信号与数字信号的转换，还可产生不同的输入信号（阶跃、三角、正弦等），供实验时选用。使用时用 RS232 串口电缆或 USB 电缆将 A/D、D/A 卡与计算机连接起来。由于计算机可以方便地输入数据、观察数据，因此初学者可以在屏幕的提示下进行实验过程，使学习变得更加轻松。

4.2.1　运算部件的基本原理

在模拟实验机上进行加、减、积分等运算的运算部件都是选用高增益、低漂移的直流放大器配以适当的输入网络、反馈网络组成的，如图 4-5 所示。

由图 4-5 得知

$$I_i = I_f + I_0$$

即

$$\frac{U_i - U_\Sigma}{R_i} = \frac{U_\Sigma - U_o}{R_f} + \frac{U_\Sigma}{R_0} \tag{4-1}$$

又因为

$$U_o = -KU_\Sigma$$

所以

$$U_\Sigma = -\frac{U_o}{K} \tag{4-2}$$

将式（4-2）代入式（4-1）得到

$$\frac{U_i}{R_i} = -\frac{1+K}{KR_f}U_o - \left(\frac{U_o}{KR_0} + \frac{U_o}{KR_i}\right) \tag{4-3}$$

由于 $K > 10^7$，U_o 最大为 100V，R_0、R_i 为几百欧姆，所以

$$\frac{U_o}{KR_0} + \frac{U_o}{KR_i} \approx 0$$

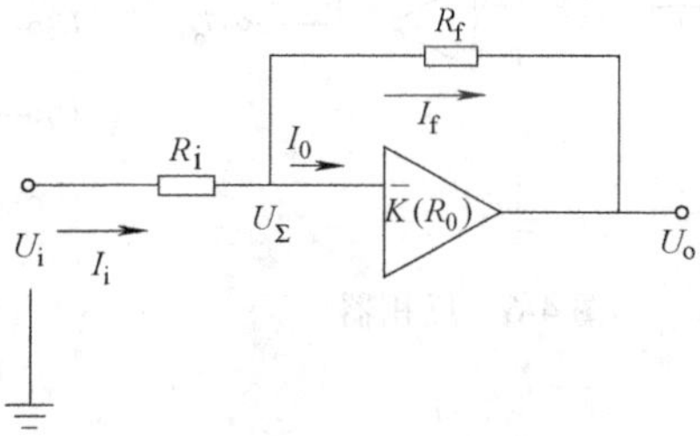

图 4-5　模拟实验机的运算部件

R_i—输入阻抗　R_f—反馈阻抗　R_0—运算放大器内阻　U_i—输入电压　U_o—输出电压　U_Σ—相加点电压　I_i—输入电流　I_f—反馈电流　I_0—进入运算放大器的电流　K—运算放大器的开环增益

得到
$$\frac{U_i}{R_i}=-\frac{U_o}{R_f}$$

所以
$$U_o=-\frac{R_f}{R_i}U_i \tag{4-4}$$

式（4-4）是组成运算部件的基本运算公式。可以看出，输出信号和输入信号是相反的；输出电压之比等于反馈阻抗之比；只有当 K 很大时，才能减小误差。

4.2.2 主要运算部件

1. 反相器

若选择 $R_f=R_i=R$，则$\frac{U_o}{U_i}=-1$，此时输出电压与输入电压极性相反，故称之为反相器，如图 4-6 所示。

2. 比例器和比例加法器

若选择 $R_f\neq R_i$，则$\frac{U_o}{U_i}=-\frac{R_f}{R_i}$或 $U_o=-\frac{R_f}{R_i}U_i$。式中的电阻之比为比例系数。

若运算放大器的输入由多条不同电阻支路所组成，如图 4-7 所示，便构成比例加法器。可用式（4-5）表示，即

$$U_o=-\left(\frac{R_f}{R_1}U_1+\frac{R_f}{R_2}U_2+\frac{R_f}{R_3}U_3\right) \tag{4-5}$$

3. 积分器

若反馈电阻 R_f 换成电容 C，即构成积分器，如图 4-8 所示。可用式（4-6）表示，即

$$\frac{U_o}{U_i}=-\frac{1}{RC}=-\frac{1}{T}\quad 或\ u_o(t)=-\frac{1}{T}\int_0^t u_i(t)\,dt+u_o(0) \tag{4-6}$$

式中，$T=RC$ 为积分时间常数；$u_o(0)$为积分初始条件。

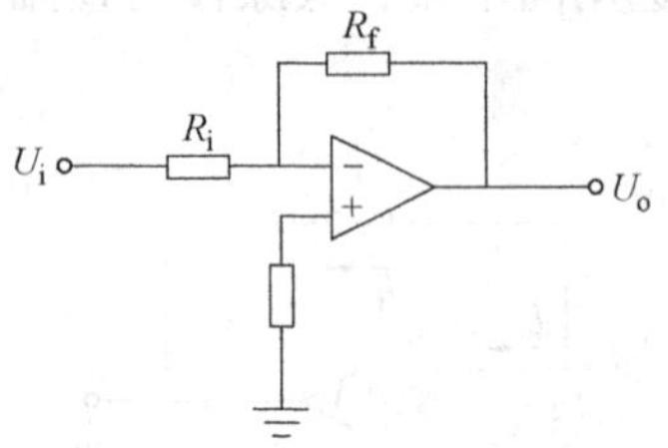

图 4-6 反相器

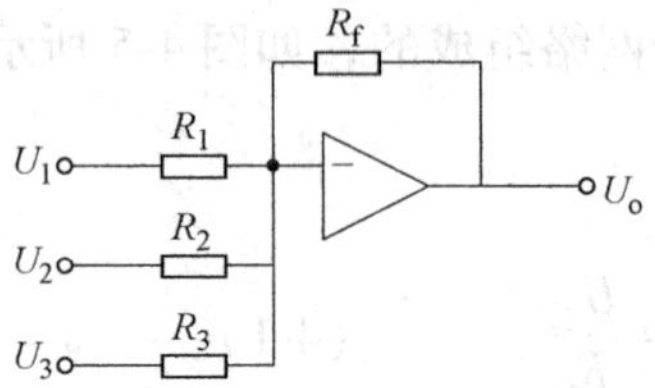

图 4-7 比例加法器

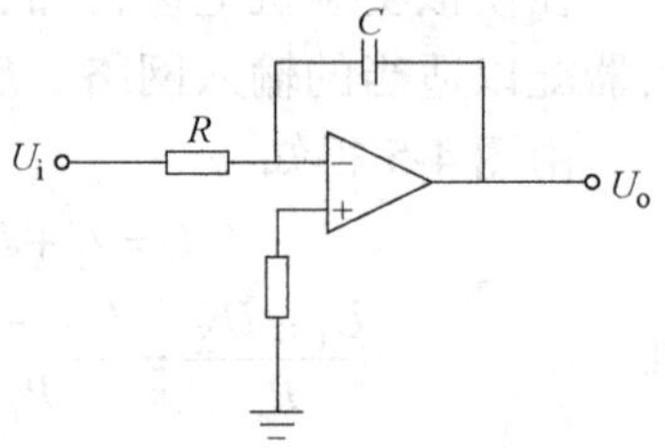

图 4-8 积分器

4.3 控制系统的模拟

在控制系统的研究中，除了用微分方程来描述系统的特性外，还常常采用各种典型环节组成的框图形式来表示系统的特性。因此控制系统的模拟方法有两种：一是根据系统的微分方程进行模拟；二是根据系统的框图进行模拟。

1. 一阶系统

一阶系统的传递函数为

$$G(s) = \frac{1}{Ts+1}$$

其微分方程为

$$RC\dot{y}(t) + y(t) = x(t)$$

可写为

$$\dot{y}(t) = \frac{1}{RC}x(t) - \frac{1}{RC}y(t)$$

由上式可得出图 4-9 所示的一阶系统模拟框图和图 4-10 所示的一阶系统模拟电路图。

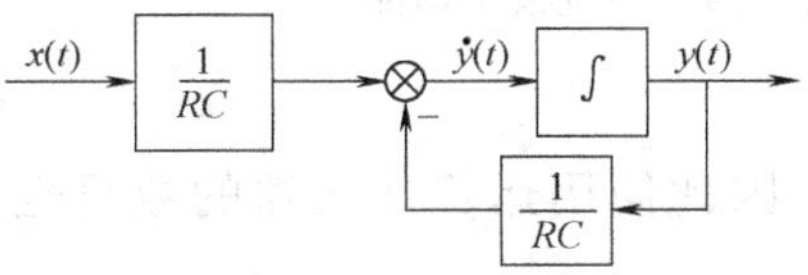

图 4-9　一阶系统模拟框图

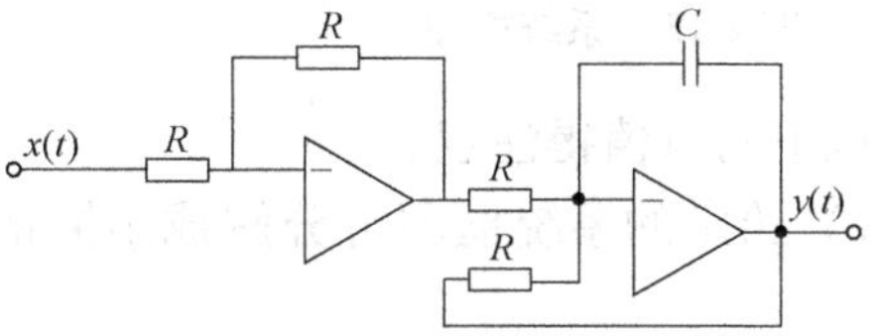

图 4-10　一阶系统模拟电路图

2. 二阶系统

二阶系统的传递函数为

$$G(s) = \frac{1}{T^2s^2 + 2T\xi s + 1} = \frac{\omega_n^2}{s^2 + 2\xi\omega_n s + \omega_n^2}$$

其微分方程为

$$\ddot{y}(t) = -2\xi\omega_n\dot{y}(t) - \omega_n^2 y(t) + \omega_n^2 x(t)$$

若把它看做 *RLC* 串联二阶电路，可用以下方程来描述，即

$$\ddot{y}(t) + \frac{R}{L}\dot{y}(t) + \frac{1}{LC}y(t) = \frac{1}{LC}x(t)$$

二阶系统的模拟框图和模拟电路图分别如图 4-11、图 4-12 所示。

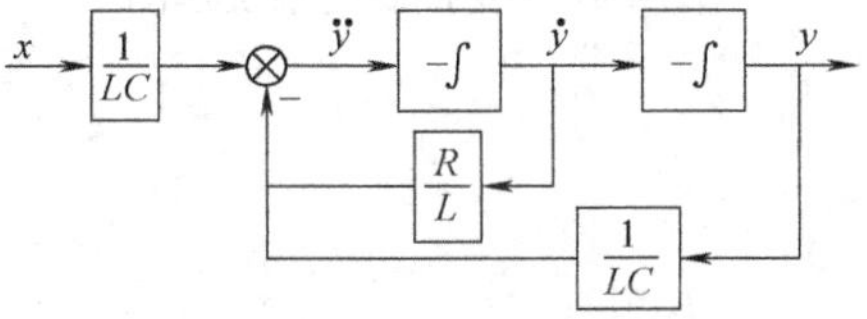

图 4-11　二阶系统的模拟框图

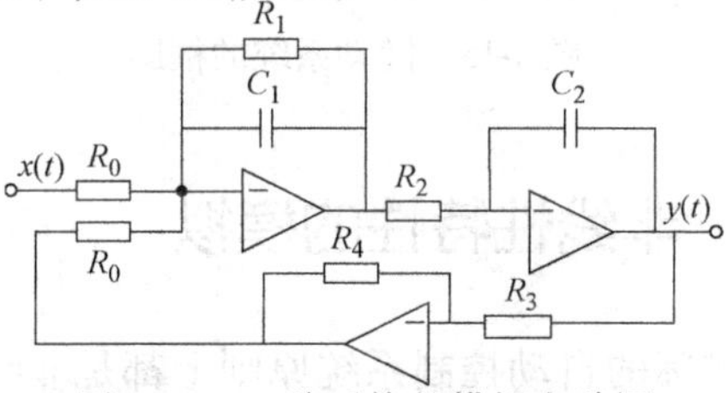

图 4-12　二阶系统的模拟电路图

4.4 框图的模拟

首先根据控制系统的框图分解成若干个典型环节，再按每个典型环节设计模拟电路，最后将各个典型环节按框图连接起来，就得到控制系统的模拟电路图。

例如，一个位置随动系统的框图如图 4-13 所示。根据框图可以分成四个典型环节：一个信号比较环节、两个惯性环节和一个积分环节。然后按每个环节设计模拟电路并选择元件参数，即

$$K_1 = \frac{R_2}{R_1} \quad K_2 = \frac{R_4}{R_3} \quad T_2 = R_2C_1 \quad T_3 = R_4C_2 \quad T_1 = R_5C_3$$

该系统模拟电路图如图 4-14 所示。

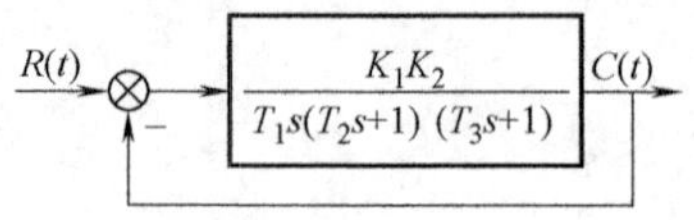

图 4-13　系统框图

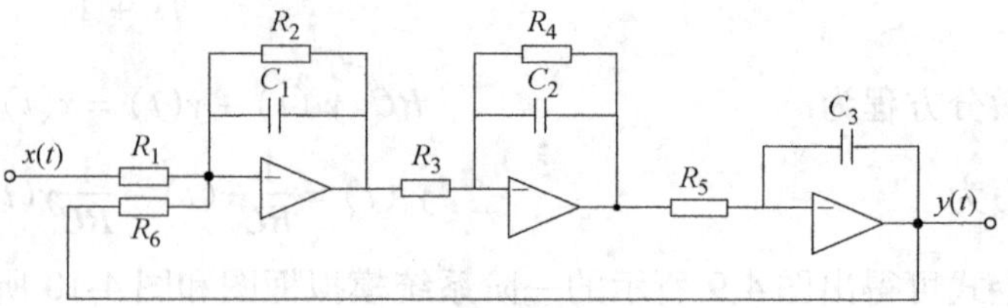

图 4-14　系统模拟电路图

以下两点值得注意：

1）给定的系统框图可分解成不同的典型环节，因此使用运算放大器的数目也可能不同。

2）每经过一个运算放大器，符号要改变一次。因此如果回路中的运算放大器数目是偶数，就会形成正反馈，输出电压将一直增加到饱和为止。总之，在模拟电路图中，每一个回路的运算放大器数目必须是奇数。

在实际控制系统中，为了改善系统的性能指标，常常采用微分负反馈。例如在位置随动系统中，除了位置反馈外，还采用速度负反馈，其框图如图 4-15 所示。由于微分环节容易引起高频噪声，而积分环节可以消除高频噪声，因此应消除微分环节，这里采用信号分接点转移法消除微分环节，变换后的系统框图如图 4-16 所示。这样，微分环节转变为比例环节，然后再按上述方法设计模拟电路。

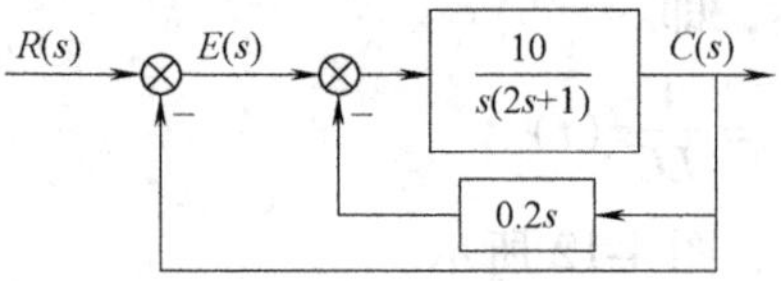

图 4-15　随动系统的框图

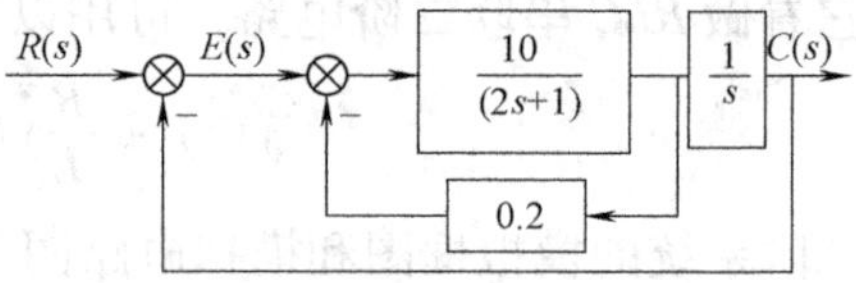

图 4-16　变换后的系统框图

4.5　非线性特性的模拟

实际的自动控制系统原则上都是非线性系统，而在理论分析时，往往把一些系统看成线性系统来处理，事实上，这是在做了一定的忽略和近似的基础上进行的。这种忽略和近似对一些系统而言是可行的，但是对许多系统往往会造成不正确的结果。但是在理论分析时，如果考虑这些因素，又会造成很大困难，甚至无法得出解析解。而用模拟分析方法来分析这些系统，却能不忽略这些因素的影响，真实地反映系统的特性。

1. 电位器接地式二极管单元

首先，介绍典型非线性模拟的依据。大多数非线性特性，如饱和特性、继电特性和死区特性等都是利用运算放大器和二极管钳位电路的适当组合进行模拟的。电位器接地式二极管单元电路如图 4-17 所示，用此电路可实现图 4-18 所示的特性。

该电路由电位器 R、R_H 和二极管 VD 组成。U_{sr} 为输入信号，U_{sc} 为输出信号，$-E$ 为供电电源，α 和 β 为电位器调整系数值。

先假设图 4-17 中二极管为导通，并忽略二极管的导通电压降，根据基尔霍夫定律可知，

i_1、i_2 和 i_3 交汇点处的总电流 $\sum i=0$，$i_1+i_2=i_3$，由此可知

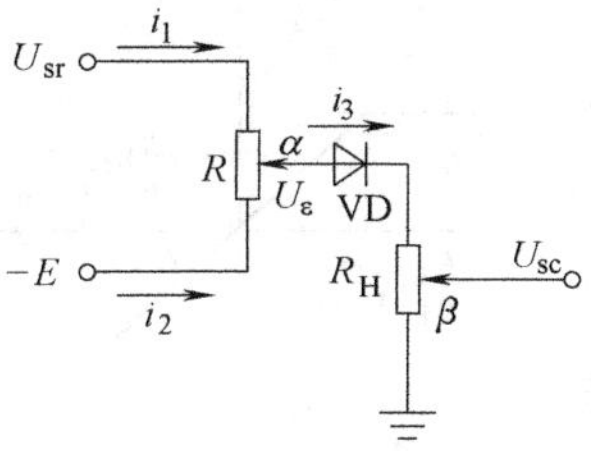

图 4-17　电位器接地式二极管单元电路

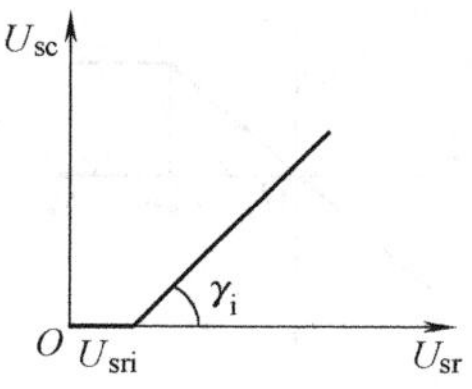

图 4-18　电位器接地式二极管单元特性

$$\frac{U_{sr}-U_\varepsilon}{\alpha R}+\frac{-E-U_\varepsilon}{(1-\alpha)R}=\frac{U_\varepsilon}{R_H}$$

由上式可求出

$$U_\varepsilon=\frac{(1-\alpha)R_H U_{sr}-\alpha R_H E}{\alpha R-\alpha^2 R+R_H}=\frac{U_{sr}-\dfrac{\alpha}{1-\alpha}E}{\dfrac{1}{1-\alpha}+\dfrac{\alpha R}{R_H}}$$

$$U_{sc}=U_\varepsilon\beta=\frac{\beta}{\dfrac{1}{1-\alpha}+\dfrac{\alpha R}{R_H}}\left(U_{sr}-\frac{\alpha}{1-\alpha}E\right)=K_i(U_{sr}-U_{sri})$$

另外，由图 4-17 还看出，当 $U_\varepsilon<0$ 时，二极管不导通，即 $U_{sr}<\dfrac{\alpha}{1-\alpha}E$；而当 $U_\varepsilon>0$ 时，二极管导通，即 $U_{sr}>\dfrac{\alpha}{1-\alpha}E$。

$$U_{sri}=\frac{\alpha}{1-\alpha}E$$

称为转折电压，而

$$\tan\gamma_i=K_i=\frac{\beta}{\dfrac{1}{1-\alpha}+\dfrac{\alpha R}{R_H}}$$

称为直线的斜率。

可以通过调整电位器 R 的 α 系数值来调整转折电压的大小，因此称电位器 R 为转折电位器。同样，可以通过调整电位器 R_H的 β 系数值来调整直线斜率，因此称电位器 R_H为斜率电位器。

2. 饱和特性的模拟

饱和特性模拟图如图 4-19 所示。

由图 4-19a 可以看出

$$U_{sc}=KU_{sr}\qquad（当\ U_{sr}<|U_{sr0}|\ 时）$$
$$U_{sc}=U_{sc0}=const\qquad（当\ U_{sr}>|U_{sr0}|\ 时）$$

饱和特性可用图 4-19b 模拟电路。前已述及，二极管导通条件（转折电压）为 $U_{sr0}=\dfrac{\alpha}{1-\alpha}E$，为了使二极管导通，输出电压为 $|U_{sc}|\geqslant\left|\dfrac{\alpha}{1-\alpha}E\right|$，而二极管未导通之前，上边两

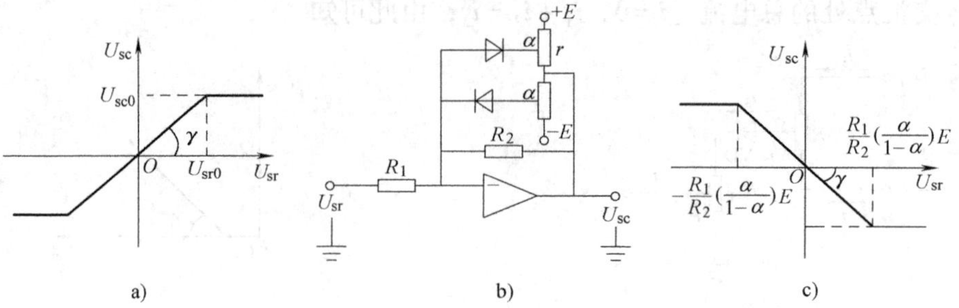

图 4-19 饱和特性模拟图

条线路相当于开路，仅有反馈电阻 R_2，由此得到：

当 $-\frac{R_2}{R_1}U_{sr} \geqslant \frac{\alpha}{1-\alpha}E$ 时，二极管导通；而 $-\frac{R_2}{R_1}U_{sr} < \frac{\alpha}{1-\alpha}E$ 时，二极管不导通。

当二极管不导通时，有

$$U_{sc} = -\frac{R_2}{R_1}U_{sr} = -KU_{sr} \qquad \left(K = \tan\gamma = \frac{R_2}{R_1}\right)$$

而当二极管导通后，反馈网络阻抗变为 R_2 和 αr 电阻并联，即

$$z = \frac{\alpha r R_2}{R_2 + \alpha r}$$

此时

$$U_{sc} = -\frac{\alpha r R_2}{R_1(R_2 + \alpha r)}U_{sr}$$

通常，R_1 和 R_2 是几千欧姆，而 r 只有几百欧姆，故上式可近似为 $U_{sc} = -\frac{\alpha r}{R_1}U_{sr}$，此时 $K = \frac{\alpha r}{R_1}$ 很小，接近于平线，输出电压为 $U_{sc} = \frac{\alpha}{1-\alpha}E$（维持导通条件），此模拟特性刚好符合饱和特性，如图 4-19c 所示。即当 $|U_{sr}| < \frac{R_1}{R_2}\frac{\alpha}{1-\alpha}E$ 时，有 $U_{sc} = -\frac{R_2}{R_1}U_{sr}$，$\tan\gamma = \frac{R_2}{R_1}$；当 $|U_{sr}| > \frac{R_1}{R_2}\frac{\alpha}{1-\alpha}E$ 时，有 $|U_{sc}| = \frac{\alpha}{1-\alpha}E$，$\tan\gamma = 0$。因此，可根据要求的特性来选择和调节 R_1、R_2 和 α 的数值。

3. 理想继电器特性的模拟

理想继电器特性如图 4-20a 所示。

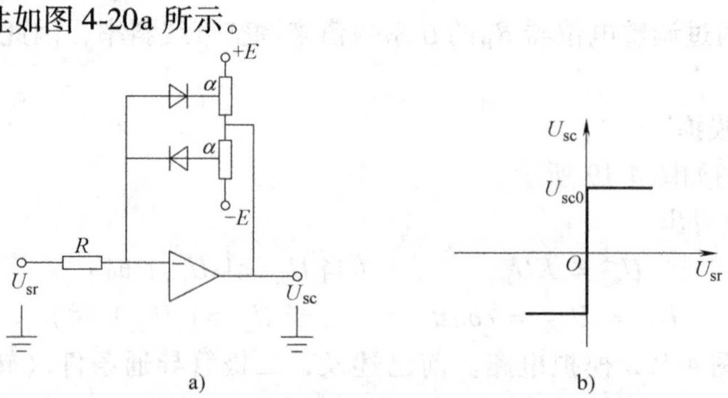

图 4-20 理想继电器特性的模拟图

由图 4-20b 看出

$$U_{sc}=0 \qquad (\text{当 } U_{sr}=0 \text{ 时})$$

$$U_{sc}=U_{sc0}=const \qquad (\text{当 } |U_{sr}|>0 \text{ 时})$$

图 4-20a 所示与饱和特性的模拟图不同之处在于将反馈电阻去掉。因为由饱和特性可知，当二极管不通时，有 $K=\tan\gamma=-\dfrac{R_2}{R_1}$，若 $R_2=\infty$，则 $\gamma=90°$；而当二极管导通时，$\tan\gamma=-\dfrac{\alpha r}{R_1}\approx 0$，此时 $|U_{sc}|=\dfrac{\alpha}{1-\alpha}E$，此即理想继电器特性。

4. 死区特性的模拟

死区特性在自动控制系统中经常出现，特别是电动机负载。其特性如图 4-21b 所示，可用图 4-21a 所示电路进行模拟。其函数表达式为

$$U_{sc}=0 \qquad (\text{当 } U_{sr}\leqslant |U_0| \text{ 时})$$

$$U_{sc}=KU_{sr} \qquad (\text{当 } U_{sr}>|U_0| \text{ 时})$$

在模拟死区特性时，可调整 α 使 $\dfrac{\alpha}{1-\alpha}E=U_0$，表示死区的大小；改变 R_1、R_2 的值，使斜率发生变化。

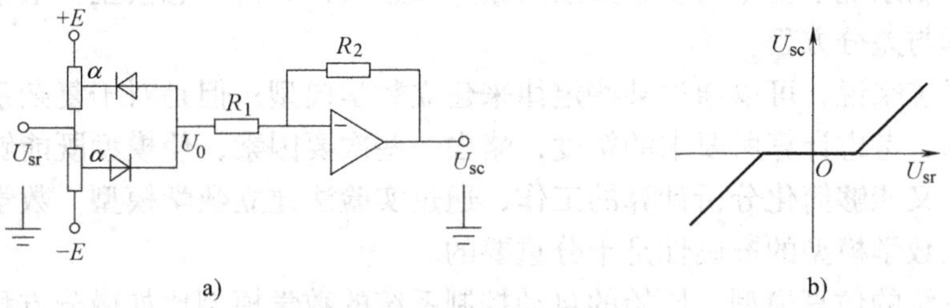

图 4-21　死区特性的模拟图

第 5 章　自动控制系统的数字计算机仿真

自动控制系统仿真是系统仿真的一个重要分支，它是一门涉及自动控制理论、计算数学、计算机技术、系统辨识、控制工程以及系统科学的综合性新型学科。它为控制系统的分析、计算、研究、综合设计以及自动控制系统的计算机辅助教学等提供了快速、经济、科学等有效的手段。

控制系统的验证中，所有的组成部分都是数学模型，这种控制系统的验证实验称为数字仿真，数字仿真可以在计算机设备上完成，所以也称为计算机仿真。实际上计算机仿真是指以计算机为主要工具，对系统进行实验研究的一种方法。目的就是对控制系统的稳定性、动态品质、控制精度等性能进行计算验证。

计算机仿真可分为以下四步：

(1) 建立系统的数学模型　系统的数学模型，是描述系统输入、输出变量以及内部各变量之间关系的数学表达式。描述自动控制系统诸变量间静态关系的数学表达式，称为静态模型；描述自动控制系统诸变量间动态关系的数学表达式，称为动态模型。最常用的基本数学模型是微分方程与差分方程。

对于一般系统来说，可以通过某些定律来建立数学模型；但是对于复杂系统，则必须通过系统辨识技术，考虑计算所要求的精度，略去一些次要因素，使模型既能够准确地反映系统的动态本质，又能够简化分析计算的工作，通过实验法建立数学模型。数学模型是系统仿真的依据，所以数学模型的准确性是十分重要的。

(2) 建立系统的仿真模型　原始的自动控制系统的数学模型比如微分方程，并不能用来直接对系统进行仿真，还需将其转换为能够对系统进行仿真的模型。对于连续系统而言，将像微分方程这样的原始数学模型，在零初始条件下进行拉普拉斯变换，求得自动控制系统的传递函数之数学模型。以传递函数模型为基础，等效变换为状态空间模型，或者将其图形化为动态结构图模型，这些模型都是自动控制系统的仿真模型。

(3) 选择算法，编制系统的仿真程序　对于非实时系统的仿真，可以用一般的高级语言编制仿真程序。对于快速的实时系统的仿真可以使用汇编语言来编制仿真程序，当然也可直接使用仿真语言。目前使用最广泛的仿真语言为 MATLAB 语言，控制系统的 MATLAB 仿真是控制系统计算机仿真的一个特殊的软件工具。

(4) 进行仿真实验并输出仿真结果　通过仿真实验对仿真模型与仿真程序进行检验和修改，再按照系统的仿真要求输出仿真结果。

之所以说 MATLAB 语言是计算机仿真的一个特殊的软件工具，在于它有一般高级语言难以比拟的优势，无论是作为科学研究与工程运算的工具，还是作为计算机辅助教学的工具，都是不可多得的，而且特别适合用来对控制系统进行计算与仿真。

5.1　相关的数值计算方法

在数字仿真中，主要依据的是状态方程，因此需要将高阶微分方程或传递函数转化为状态方程。如果在模拟计算机上对系统进行仿真，实现积分器是主要的，n 阶系统必有 n 个积分器；如果在数字计算机上对系统进行仿真，最直观的想法就是在数字计算机上也构建出 n 个数字积分器，让计算机进行 n 次数值积分运算。数值积分的方法很多，下面主要介绍几种在数字计算机仿真中最常用的数值积分法。

5.1.1　欧拉法

最简单的数值积分法是欧拉法，下面说明数值积分法的几何意义和基本概念。通常把仿真系统表示为一阶常微分方程组的形式，所以考虑一阶微分 $\dot{y}=f(t,\ y)$，初始值为 $y(t_0)=y_0$，它在任一时刻的解为

$$y(t_{n+1}) = y(t_0) + \int_0^{t_{n+1}} f(\tau,y)\mathrm{d}\tau = y(t_n) + \int_{t_n}^{t_{n+1}} f(\tau,y)\mathrm{d}\tau$$

用近似值 y_{n+1}、y_n 代替它们的准确值 $y(t_{n+1})$、$y(t_n)$ 得

$$y_{n+1} = y_n + \int_{t_n}^{t_{n+1}} f(\tau,y)\mathrm{d}\tau$$

若区间 $(t_n,\ t_{n+1})$ 足够小，令 $h=t_{n+1}-t_n$，用矩形面积 $hf(t_n,\ y_n)$ 近似代替 $\int_{t_n}^{t_{n+1}} f(\tau,y)\mathrm{d}\tau$，则有 $y_{n+1} = y_n + hf(t_n,y_n)$。

5.1.2　龙格-库塔法

欧拉法是显式一步法，它具有计算简单的优点，但它的局部计算误差只与 h^2 同阶，精度较低。龙格-库塔法是一种具有高精度的显式一步法。显式一步法的一般形式是

$$y_{n+1}=y_n+h\Phi(t_n,\ y_n,\ h)\quad (n=0,\ 1,\ 2,\ \cdots,\ m-1)$$

式中，$\Phi(t,\ y,\ h)$ 称为增量系数。对于欧拉法，它的增量系数是 $\Phi(t,\ y,\ h)=f(t,\ y)$，而 $f(t,\ y)$ 是一阶微分方程式的右端函数。

设 $y(t)$ 是一阶微分方程 $\dot{y}=f(t,\ y)$ 的精确解，则对于给定的 $\Phi(t,\ y,\ h)$，一般只能有近似式，即

$$y(t_{n+1})\approx y(t_n)+h\Phi(t_n,\ y(t_n),\ h)\quad (n=0,\ 1,\ 2,\ \cdots,\ m-1)$$

设 $y(t)$ 是微分方程的精确解，称 $R(t_{n+1})=y(t_{n+1})-y(t_n)-h\Phi(t_n,\ y(t_n),\ h)$ 为显式一步法在点 t_{n+1} 处的局部截断误差。

若显式一步法局部截断 $R(t_{n+1})=O(h^{p+1})$，则称该式为 p 阶方法。因为欧拉法的局部截断 $R(t_{n+1})=O(h^2)$，故它为一阶方法。

取 Φ 具有以下形式，即

$$\Phi(t,y,h) = \sum_{i=1}^{N} c_i k_i$$

其中 $k_1 = f(t,y), k_i = f(t + a_i h, y + \sum_{j=1}^{i-1} b_{ij}k_j), (i = 2,3,\cdots,N)$

$$a_i = \sum_{j=1}^{i-1} b_{ij}\quad (i = 2,3,\cdots,N)$$

此时相应的显式一步法为

$$\begin{cases} y_{n+1} = y_n + h\sum_{i=1}^{N} c_i k_j \\ k_1 = f(t_n, y_n) & (i = 2,3,\cdots,N) \\ k_i = f\left(t_n + a_i h, y_n + h\sum_{j=1}^{i-1} b_{ij} k_j\right) \end{cases}$$

式中，c_i，a_i，b_{ij}是待定系数。称一步法为 N 级龙格—库塔法，以后简称 N 级 R-K 方法。

N 级 R-K 方法中的待定参数是这样确定的：其原则是使局部截断 $R(t_{n+1}) = O(h^{p+1})$ 的 p 值达到最大值。$y(t_{n+1})$ 和 $\Phi(t_n, y(t_n), h)$ 分别在点 t_n 处展开成泰勒级数，代入式 $R(t_{n+1}) = y(t_{n+1}) - y(t_n) - h\Phi(t_n, y(t_n), h)$ 的右端，并整理成关于 h 的幂级数。令此幂级数的前面尽可能多的项的系数为零，就得到关于待定参数 c_i、a_i、b_{ij} 的一个方程组。解此方程组，便可得到 c_i、a_i、b_{ij} 的值，从而获得一个 N 级 p 阶 R-K 方法的计算公式。

下面给出一个最常用的四阶 R-K 方法。

$$\begin{cases} y_{n+1} = y_n + \dfrac{h}{6}(k_1 + 2k_2 + 2k_3 + k_4) \\ k_1 = f(t_n,\ y_n) \\ k_2 = f\left(t_n + \dfrac{h}{2},\ y_n + \dfrac{h}{2}k_1\right) \\ k_3 = f\left(t_n + \dfrac{h}{2},\ y_n + \dfrac{h}{2}k_2\right) \\ k_4 = f\left(t_n + \dfrac{h}{2},\ y_n + \dfrac{h}{2}k_3\right) \end{cases}$$

需要指出的是，四阶 R-K 方法的优点是精度高，程序简单，计算过程稳定，步长易于调节。

上述基于数值积分的连续系统数字仿真，其数值解只是精确解的近似结果，必然会出现误差。由计算机有限数字位带来的误差，随步长的减小而使得计算次数增加，因此误差会增大。由积分算法的局限性造成的误差，即计算值与精确值之间的误差称为局部截断误差，该误差与选用的数值积分方法有关。总之，在满足计算精度的前提下，要尽可能选择一个合适的步长与算法。

5.1.3 微分方程数值积分的矩阵分析

前面介绍的各种数值积分法公式都是针对标量微分方程式的，实际上系统中大量的仿真对象是用一阶微分方程式或一阶微分方程组描述的。每一个微分方程都可以用数值积分法来求解。这样就很容易将整个系统的瞬态响应全部解算出来。下面给出四阶 R-K 方法求解一阶向量微分方程式的计算公式。

一阶向量微分方程及初值可表示为

$$\begin{cases} \dot{y} = f(t,\ y) \\ y(t_0) = y_0 \end{cases}$$

在控制系统的仿真中，最常见的向量微分方程是线性定常系统的状态方程，即

$$\dot{x} = Ax + Bu$$

即有

$$\begin{pmatrix} \dot{x}_1 \\ \dot{x}_2 \\ \vdots \\ \dot{x}_n \end{pmatrix} = \begin{pmatrix} a_{11} & a_{12} & \cdots & a_{1n} \\ a_{21} & a_{22} & \cdots & a_{2n} \\ \vdots & \vdots & \ddots & \vdots \\ a_{n1} & a_{n2} & \cdots & a_{nn} \end{pmatrix} \begin{pmatrix} x_1 \\ x_2 \\ \vdots \\ x_n \end{pmatrix} + \begin{pmatrix} b_1 \\ b_2 \\ \vdots \\ b_n \end{pmatrix} u$$

四阶 R-K 方法的四个 k 可表示为

$$\begin{cases} k_1 = Ax_k + Bu(t_k) \\ k_2 = A\left[x_k + \dfrac{h}{2}k_1\right] + Bu\left(t_k + \dfrac{h}{2}\right) \\ k_3 = A\left[x_k + \dfrac{h}{2}k_2\right] + Bu\left(t_k + \dfrac{h}{2}\right) \\ k_4 = A[x_k + hk_3] + Bu(t_k + h) \end{cases}$$

对于 n 维向量 x，取

$$h_1 = 0,\ h_2 = \frac{h}{2},\ h_3 = \frac{h}{2},\ h_4 = h$$

和

$$\boldsymbol{K}_0 = \begin{pmatrix} k_{10} \\ k_{20} \\ \vdots \\ k_{n0} \end{pmatrix} = \begin{pmatrix} 0 \\ 0 \\ \vdots \\ 0 \end{pmatrix}$$

则四个求 k_j 的公式可以合并成一个公式

$$k_j = A[x_k + h_j k_{j-1}] + Bu(t_k + h_j)$$

其中，方括号表示矩阵运算；圆括号表示求函数 u 在 $t_k + h_j$ 时刻的值。每步的计算工作量主要是四次矩阵与向量的乘法。

5.1.4　数值积分算法仿真的编程实现

在 MATLAB/Simulink 环境中，利用数值积分算法对系统进行仿真的途径有两种。对于以微分方程给出的数学模型，通常用 MATLAB 语言编程实现；而对于控制系统分析和设计中最常见的以系统结构图描述的数学模型，则采用 Simulink 实现更为方便。

用 MATLAB 语言编程实现仿真的主要步骤是调用 MATLAB 中的 ODE(Ordinary Differential Equation)解函数。MATLAB 提供的常用 ODE 解函数如下：

ode45　四/五阶 R-K 方法：它是单步解法器，适用于大多数连续或离散系统，但不适用于刚性(stiff)系统。此解法被推荐为首选解法；

ode23　二/三阶 R-K 方法：这是一个比 ode45 低阶的算法。它也是单步解法器，在误差限要求不高和求解的问题不太难的情况下，可能会比 ode45 更有效；

ode113　用于更高阶或大的标量计算；

ode23t　用于解决难度适中的问题；

ode23s　用于解决难度较大的问题；

ode15s　与 ode23 相同，但要求的精度更高；

ode23tb　用于解决难度较大的问题；

例如，ode45 的基本调用格式为

[t, x] = ode45('方程函数名', tspan, x0, tol)

其中，方程函数名为描述系统状态方程的 M 函数的名称；tspan 一般为仿真时间范围，如 tspan = [t0, tf]，t0 为起始计算时间，tf 为终止计算时间；x0 为系统状态变量初值，应使该向量的元素个数等于系统状态变量的个数；tol 用来指定精度，可以采用默认值(1 e-3)。函数返回两个结果：t 向量和 x 矩阵。

对于以系统结构图描述的数学模型，采用 Simulink 构筑模型结构图并进行仿真是十分方便的。在大多数情况下，用户甚至无需编制一条仿真程序就可以进行仿真。

例 5-1　某地区某病菌传染的系统动力学模型为

$$\begin{cases}\dot{x}_1 = -0.001x_1x_2 \\ \dot{x}_2 = 0.001x_1x_2 - 0.072x_2 \\ \dot{x}_3 = 0.072x_2\end{cases} \qquad \begin{cases}x_1(0) = 620 \\ x_2(0) = 10 \\ x_3(0) = 70\end{cases}$$

式中，x_1 表示可能受到传染的人数；x_2 表示已经被传染的病人数；x_3 表示已经治愈的人数。试用 ode45 编程，对其进行仿真研究，并绘制出对应的时间响应曲线。

解　采用 MATLAB 语言进行编程，程序如下：

```
% 这是例题的仿真程序
clear
x0 = [620 10 70];                                  % 置状态变量初值
tspan = [0,30];                                    % 置仿真时间区间
[t,x] = ode45('fun2_3',tspan,x0);                  % 调用 ode45 求仿真解
plot(t,x(:,1),'k',t,x(:,2),'k-',t,x(:,3),'k:');   % 用不同的线型绘制仿真结果曲线
xlabel('time() t0 =0 , tf =30');                   % 对 t-x 轴进行标注
ylabel('x():x1(0) =620,x2(0) =10;x3(0) =70');
legend('x1','x2','x3');
grid;
```

其中，fun2_3 是保存在名为 fun2_3 的 M 文件中的 M 函数；

```
function xdot = fun2_3(t, x)
xdot1(1) = -0.001 * x(1) * x(2);
xdot1(2) =0.001 * x(1) * x(2)-0.072 * x(2);
xdot1(3) =0.072 * x(2);
xdot = xdot1';
```

绘制的时间响应曲线如图 5-1 所示。

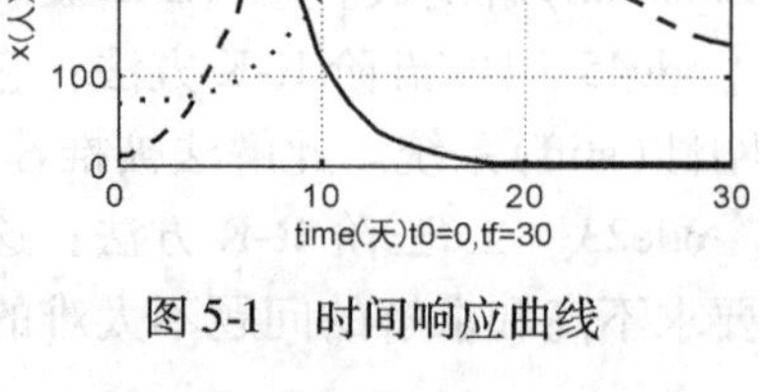

图 5-1　时间响应曲线

5.2　控制系统数学模型

5.2.1　线性控制系统数学模型的基本描述方法

控制系统的数学模型在控制系统的研究中有着相当重要的地位，要对系统进行仿真处理，首先需要知道系统的数学模型，而后才有可能对系统进行模拟。同样只有知晓系统数学模型，才有可能在此基础上设计一个合适的控制器，使系统响应达到预期的效果，满足实际的工程需要。

在线性系统理论中，常用的数学模型形式有：传递函数模型、状态方程模型、零极点增益模型和部分分式模型等。这些模型之间有着内在的联系，可以相互进行转换。

1. 拉普拉斯变换与控制系统模型

动态系统数学模型有多种表达方式，可以是微分方程、差分方程，也可以是传递函数、状态方程。微分方程描述的系统模型，通过求解微分方程，可以得到系统随时间变化的规律，比较直观。但是当方程阶次较高时，微分方程的求解变得十分复杂。而采用拉普拉斯变换就能把问题的求解从原来的时域变到复域，把微分方程变成代数方程，而代数方程的求解通常比较简单，求解代数方程后，再通过拉普拉斯变换得到微分方程的解，两者的关系及运算过程如图 5-2 所示。

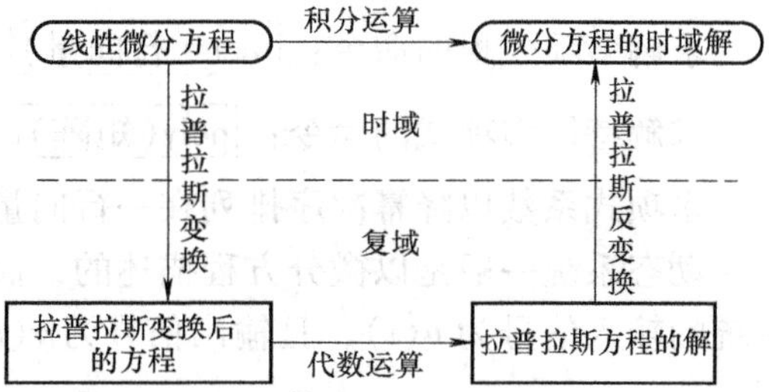

图 5-2　拉普拉斯变换和拉普拉斯反变换的关系及运算过程

在 MATLAB 中，可以采用符号运算工具箱进行拉普拉斯变换和拉普拉斯反变换，采用的函数是 laplace 和 ilaplace，拉普拉斯变换函数的格式为

L = laplace(F)

拉普拉斯反变换函数的格式为

F = ilaplace(L)

例 5-2　求$\begin{bmatrix}\delta(t-a) & u(t-b)\\ e^{-at}\sin bt & t^2e^{-t}\end{bmatrix}$的拉普拉斯变换。

解　MATLAB 程序代码如下：

```
syms t s;
syms a b positive
Dt = sym('Dirac(t-a)'); Ut = sym('Heaviside(t-b)');
Mt = [Dt, Ut; exp(-a*t)*sin(b*t), t^2*exp(-t)];
Ms = laplace(Mt, t, s)
```

程序运行后，输出结果为

```
Ms =
[              exp(-s*a),          exp(-s*b)/s]
[1/b/((s+a)^2/b^2+1),              2/(s+1)^3]
```

2. 控制系统传递函数描述

传递函数是在拉普拉斯变换的基础上，以系统本身的参数所描述的线性定常系统输入量和输出量的关系式。它表达了系统内在的固有特性，而与输入量或驱动函数无关。

线性时不变系统的传递函数定义为零初值条件下输出量的拉普拉斯变换与输入量的拉普拉斯变换的函数之比。令传递函数的分母多项式等于0，便可得到特征方程。特征方程的根是系统的极点，分子多项式的根为系统的零点。那么传递函数便可由常数项与系统的零极点确定。常数项通常记作 K，是系统的增益。利用传递函数，可以方便地研究系统参数的改变对响应的影响。通过拉普拉斯反变换可得到系统的时域响应。

控制系统的数学模型在控制系统研究中是相当重要的，要对系统进行仿真处理，首先应该知道系统的数学模型，然后才可以进行模拟，如果已知系统的模型，才可在此基础上设计一个合适的控制器，使原系统的响应达到预期的效果。

求解多项式乘法的卷积命令：变量 = conv(向量1，向量2)

求解多项式根的命令：roots(行向量)

求解特征多项式的命令：poly(矩阵)

多项式系数以降幂次序排列在一行向量中。

动态系统一般是以微分方程描述的，而线性系统又是以线性常微分方程来描述的。假设系统的输入信号为 $u(t)$，且输出信号为 $y(t)$，则此系统相应的微分方程可以写成

$$a_1\frac{\mathrm{d}^n y(t)}{\mathrm{d}t^n}+a_2\frac{\mathrm{d}^{n-1}y(t)}{\mathrm{d}t^{n-1}}+\cdots+a_n\frac{\mathrm{d}y(t)}{\mathrm{d}t}+a_{n+1}y(t)$$

$$=b_1\frac{\mathrm{d}^m u(t)}{\mathrm{d}t^m}+b_2\frac{\mathrm{d}^{m-1}u(t)}{\mathrm{d}t^{m-1}}+\cdots+b_m\frac{\mathrm{d}u(t)}{\mathrm{d}t}+b_{m+1}u(t)$$

对此系统的微分方程作拉普拉斯变换，则单输入单输出(single-input single-output，简称SISO)连续系统的传递函数为

$$G(s)=\frac{Y(s)}{U(s)}=\frac{b_1s^m+b_2s^{m-1}+\cdots+b_ms+b_{m+1}}{a_1s^n+a_2s^{n-1}+\cdots+a_ns+a_{n+1}}$$

利用传递函数的概念，可以用以 s 为变量的代数方程表示系统的动态特性。如果传递函数分母中 s 的最高次幂为 n，则称该系统为 n 阶系统。

对线性时不变系统来说，式中 a_i 与 b_j 均为常数，且 $a_1\neq0$。这种系统在 MATLAB 下可以方便地由其分子和分母系数所构成的两个向量唯一确定出来。

$$\mathrm{num}=[\mathrm{b}_1,\ \mathrm{b}_2,\ \cdots,\ \mathrm{b}_\mathrm{m}]$$

$$\mathrm{den}=[\mathrm{a}_1,\ \mathrm{a}_2,\ \cdots,\ \mathrm{a}_\mathrm{n}]$$

可见在这样的表示方法下，分子和分母向量的内容分别是原传递函数的分子分母系数的按 s 降幂排列。

在 MATLAB 中，函数 tf 用来建立传递函数模型，即 tf 对象，其调用格式为

G = tf(num，den)；% num 是分子多项式系数行向量；den 是分母多项式系数行向量。

[tt，ff] = tfdata(G)；% 提取 tf 对象模型中的分子分母多项式。

离散系统的传递函数模型为

$$H(z) = \frac{f_1 z^m + f_2 z^{m-1} + \cdots + f_m z + f_{m+1}}{g_1 z^n + g_2 z^{n-1} + \cdots + g_n z + g_{n+1}}$$

相应地，对于离散系统传递函数的描述和连续系统传递函数的描述方法在 MATLAB 中输入格式不变，即

$$num = [f_1, f_2, \cdots, f_m]$$
$$den = [g_1, g_2, \cdots, g_n]$$

对于多输入多输出(multi-input multi-output，简称 MIMO)的控制系统来说，原系统的传递函数模型实际上是传递函数矩阵模型，传递函数矩阵可以有多种表示方法，其中最常用的是矩阵分式描述(Matrix Fraction Description，简称 MFD)方法。为此 MATLAB 有一个专门的多变量系统工具箱。

3. 控制系统零极点模型

控制系统的零极点模型实际上是连续传递函数模型的另一种表现形式，其原理是分别对原系统传递函数的分子和分母进行分解因式处理，以获得系统的零极点表示形式。对 SISO 系统来说，可以简单地将其零极点模型表示为

$$G(s) = \frac{K\sum_{j=1}^{m}(s+z_j)}{\sum_{i=1}^{n}(s+p_i)} = k_r \frac{(s+z_1)(s+z_2)\cdots(s+z_m)}{(s+p_1)(s+p_2)\cdots(s+p_n)}$$

式中，$-z_j$ 和 $-p_i$ 分别称为系统的零点和极点，它们既可以是实数，也可以是复数；K 为系统的增益。系统的零极点模型可以直接用来判断系统的稳定性，如果系统的所有极点都位于左半 s-平面，即 $\mathrm{Re}\{p_i\} < 0$，则称系统是稳定的；否则系统是不稳定的。

在 MATLAB 中，用[z, p, k]矢量组表示，即

$$z = [-z_1, -z_2, \cdots, -z_m]$$
$$p = [-p_1, -p_2, \cdots, -p_n]$$
$$k = [k]$$

对于多变量系统来说，其零极点模型的形式稍微复杂一些，由多变量系统工具箱来处理。

离散系统的零极点增益模型描述为

$$H(z) = K\frac{(z+z_1)(z+z_2)\cdots(z+z_m)}{(z+p_1)(z+p_2)\cdots(z+p_n)}$$

在 MATLAB 中的输入方式与连续系统的零极点模型基本相同。

4. 传递函数部分分式表示

控制系统常用到并联系统，这时就要对系统函数进行分解使其表现为一些基本控制单元的和的形式，也就是用部分分式表示。

MATLAB 提供了函数 residue，它的功能是对两个多项式的比进行部分展开，以及把传递函数分解为微分单元形式。其中向量 num 和 den 是按 s 降幂排列的多项式系数。部分分式展开后，余数返回到向量 r，极点返回到列向量 p，常数项返回到 k。其格式为

```
[r, p, k] = residue(num, den)          % 将传递函数展开成部分分式
```

```
[b, a] = residue(r, p, k)              % 将部分分式转化成多项式比 p(s)/q(s)
```

例 5-3 已知某系统的传递函数为 $G(s)=\dfrac{2s^3+9s+1}{s^3+s^2+4s+4}$，求其部分分式表示形式。

解 MATLAB 程序如下：

```
num = [2, 0, 9, 1]                     % 传递函数分子多项式系数行向量
den = [1, 1, 4, 4]                     % 传递函数分母多项式系数行向量
[r, p, k] = residue(num, den)          %求取系统部分分式表示
```

程序运行结果为

```
r =
    0.0000 - 0.2500i
    0.0000 + 0.2500i
    -2.0000
p =
    -0.0000 + 2.0000i
    -0.0000 - 2.0000i
    -1.0000
k =
    2
```

结果表达式为

$$G(s)=2+\frac{-0.25i}{s-2i}+\frac{0.25i}{s+2i}+\frac{-2}{s+1}$$

5. 控制系统状态空间模型

以传递函数为基础的经典控制理论的数学模型受到当时手工计算的限制，着眼于系统的外部联系，重点为单输入单输出的线性定常系统。随着计算机技术的发展，以状态空间理论为基础的现代控制理论的数学模型则采用状态空间模型，以时域分析为主，着眼于系统的内部状态及其内部联系。

状态是系统动态信息的集合，在表征系统信息的所有变量中，能够全部描述系统运行最小数目的一组独立变量称为系统的状态变量，其选取不是唯一的。

状态方程是描述控制系统的一种常用的方式，这种方式是基于系统的不可见的状态变量的，所以又往往称为系统的内部描述方法。

如果给定了 LTI(线性时不变)状态方程模型(A, B, C, D)，即

$$\begin{cases}\dot{x}=Ax+Bu(\text{状态方程})\\ y=Cx+Du(\text{输出方程})\end{cases}$$

在 MATLAB 中的输入格式以(A, B, C, D)矩阵组表示。当输入(A, B, C, D)矩阵组后，用函数 ss(A, B, C, D)直接可以得到状态空间模型。而离散系统的状态空间模型则表示为

$$\begin{cases}x(k+1)=Ax(k)+Bu(k)\\ y(k+1)=Cx(k+1)+Du(k+1)\end{cases}$$

5.2.2　系统模型的转换

同一个系统可用三种不同的模型表示，为分析系统的特性，有必要将三种模型进行转换。模型转换关系如图5-3所示。MATLAB的信号处理和控制工具箱中都提供了模型变换的函数。

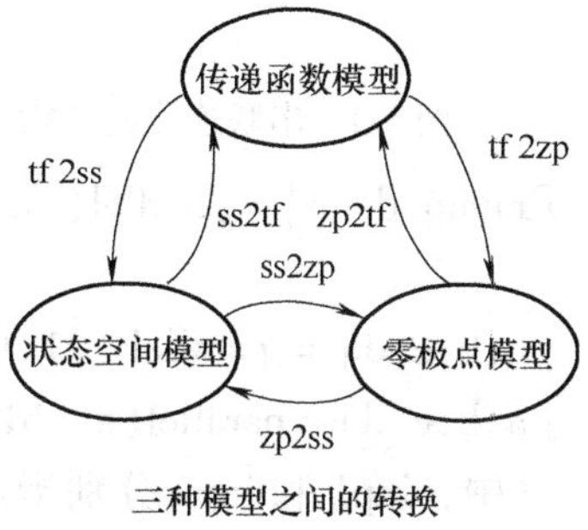

图5-3　模型转换关系

1. 传递函数模型向状态空间模型及零极点模型转换

[a, b, c, d] = tf2ss(num, den)

[z, p, k] = tf2zp(num, den)

2. 零极点模型向状态空间模型及传递函数模型转换

[a, b, c, d] = zp2ss(z, p, k)

[num, den] = zp2tf (z, p, k)

3. 状态空间模型向传递函数模型及零极点模型转换

[num, den] = ss2tf (a, b, c, d)

[z, p, k] = ss2zp (a, b, c, d)

对于多输入多输出系统来讲，应该分别对各个输入信号求出系统的零极点模型，最后才可以获得整个系统的零极点模型。其命令格式如下：

[num, den] = ss2tf (a, b, c, d, iu)

[z, p, k] = ss2zp (a, b, c, d, iu)

其中iu表示要求的输入序号。

5.2.3　控制系统的连接

控制系统的典型连接可直接采用三种基本模型：传递函数、零极点增益和状态空间模型。但在实际应用中，整个自动控制系统是由多个单一的模型组合而成的。模型之间有不同的连接方式。常见的典型组合形式有：并联、串联、闭环及反馈等连接。

1. 串联连接

单输入单输出(SISO)系统 $G_1(s)$ 和 $G_2(s)$ 串联连接的结构示意图如图5-4所示，$G_1(s)$ 和 $G_2(s)$ 串联连接合成的系统传递函数为 $G(s) = G_1(s) \cdot G_2(s)$。

MATLAB提供了进行模型串联的函数series，其命令格式如下：

[nums,dens] = series(num1,den1,num2,den2)　　% 表示将串联连接的传递函数进行相乘；

[a,b,c,d] = series(a1,b1,c1,d1,a2,b2,c2,d2)　　% 表示串联连接两个状态空间系统；

[a,b,c,d] = series(a1,b1,c1,d1,a2,b2,c2,d2,out1,in2)　% 表示系统1的部分输出和系统2的部分输入进行连接。

2. 并联连接

单输入单输出(SISO)系统 $G_1(s)$ 和 $G_2(s)$ 并联连接的结构示意图如图5-5所示，$G_1(s)$ 和 $G_2(s)$ 并联连接合成的系统传递函数为 $G(s) = G_1(s) + G_2(s)$。

MATLAB提供了进行模型并联的函数parallel，其命令格式如下：

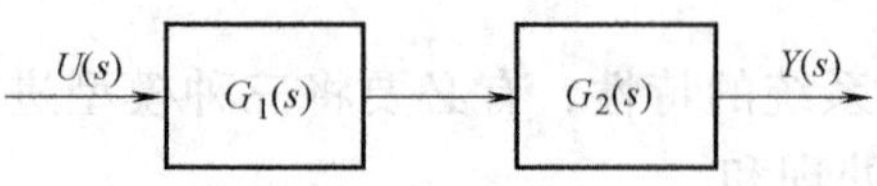

图 5-4　串联连接的结构示意图

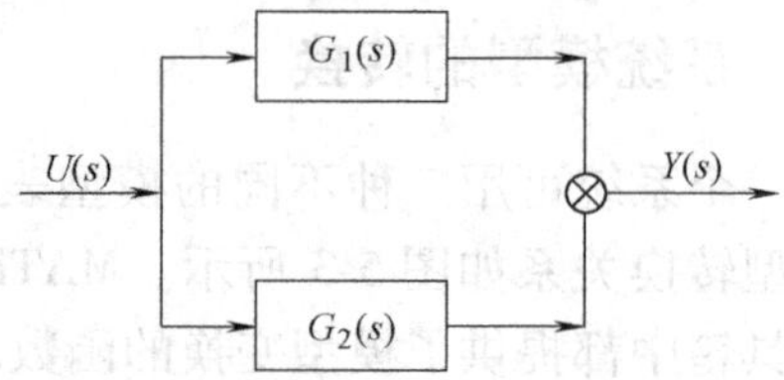

图 5-5　并联连接的结构示意图

[nump,denp] = parallel(num1,den1,num2,den2)　　% 表示将并联连接的传递函数进行相加；

[a,b,c,d] = parallel (a1,b1,c1,d1,a2,b2,c2,d2)　% 表示并联连接两个状态空间系统；

[a,b,c,d] = parallel(a1,b1,c1,d1,a2,b2,c2,d2,inp1,inp2,out1,out2)

其中，inp1 和 inp2 分别指定两系统中要连接在一起的输入端编号，既可以是标量也可以是向量；out1 和 out2 分别指定要相加的输出编号，同输入类似。

例如：①inp1 = 1，inp2 = 3；②inp1 = [1，3]，inp2 = [2，1]

①　表示系统 1 的第一个输入端与系统 2 的第三个输入端相连接；

②　表示系统 1 的第一个输入端与系统 2 的第二个输入端相连接，以及系统 1 的第三个输入端与系统 2 的第一个输入端相连接。

3. 反馈连接

反馈系统是在自动控制中应用最广泛的系统。最常用的反馈连接是将系统 $G(s)$ 的全部输出信号反馈作为另一个系统 $H(s)$ 的输入，根据 $H(s)$ 输出与 $G(s)$ 输入信号之间是相加还是相减，系统分为正反馈或负反馈，一般情况下是负反馈系统。图 5-6 所示为负反馈连接结构示意图，其中，$G(s)$ 称为前向通道传递函数，$H(s)$ 称为反馈传递函数。

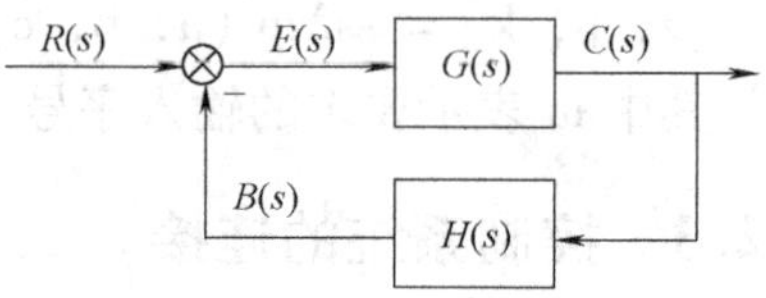

图 5-6　负反馈连接结构示意图

MATLAB 提供了进行模型反馈连接的函数 feedback，其格式如下：

[numf, denf] = feedback(num1, den1, num2, den2, sign)

表示将两个系统按反馈方式连接，一般而言，系统 1 为前向通道传递函数，系统 2 为反馈通道传递函数。sign 是可选参数，sign = −1 时为负反馈；sign = 1 时为正反馈。默认值是负反馈。

[a, b, c, d] = feedback(a1, b1, c1, d1, a2, b2, c2, d2, sign)

表示系统 1 的所有输出连接到系统 2 的输入，系统 2 的所有输出连接到系统 1 的输入，sign 是可选参数，值为 −1 时为负反馈；值为 1 时为正反馈。默认值是负反馈。

[a, b, c, d] = feedback(a1, b1, c1, d1, a2, b2, c2, d2, inp1, out1)

表示部分反馈连接，将系统 1 的指定输出 out1 连接到系统 2 的输入，系统 2 的输出连接到系统 1 的指定输入 inp1，以此构成闭环系统。

5.2.4　系统模型的连续化与离散化

将连续系统经取样保持、A/D 变换后，可得到等效的离散系统，其中取样时间应小于

nyquist 采样时间，根据输入端采用的方法如零阶保持、一阶保持、双线性变换（Tustin 算法）、零极点匹配等方法，可得到不同的等效离散系统，在 MATLAB 中可由 c2d 和 c2dm 函数得到。

离散系统的连续化是上述过程的逆过程，在 MATLAB 中可由 d2c 和 d2cm 函数得到。

连续系统离散化命令格式如下：

```
[ad,bd]=c2d(a,b,T)
[ad,bd,cd,dd]=c2dm(a,b,c,d,T,'method')
[numd,dend]=c2dm(num,den,T,'method')
```

离散系统连续化命令格式如下：

```
[ac,bc]=d2c(a,b,ts)
[ac,bc,cc,dc]=d2cm(a,b,c,d,T,'method')
[numc,denc]=d2cm(num,den,T,'method')
```

c2d 命令使用离散化的零阶保持器方法，它只有状态空间形式，而 c2dm 既有状态空间形式，又有传递函数形式，它可以用五种方法将连续系统转换成数字控制系统，其中参数 T 是采样周期，'method'选项允许用户采用的转换算法选项见表 5-1。

表 5-1　'method'选项允许用户采用的转换算法选项

选项	说　明	选项	说　明
zoh	假设对输入信号加一个零阶保持器	prewarp	改进的 Tustin 变换方法
foh	假设对输入信号加一个一阶保持器	matched	SISO 系统的零极点匹配法
tustin	双线性变换法		

5.3　控制系统的时域分析

时域分析法是以拉普拉斯变换为工具，从传递函数出发，直接在时间域上研究自动控制系统性能的一种方法。这种方法的优点是对系统分析的结果直接而全面，缺点是分析过程的计算量较大，尤其是对高阶系统。一般情况下，系统分析结果所提供的信息对下一步如何改造、综合系统是不够的。随着计算机仿真技术的发展，尤其是 MATLAB/Simulink 的广泛应用，正好弥补了这一不足。

一个动态系统的性质常用典型输入下的响应来描述。响应是指零初始条件下某种典型的输入函数作用下对象的响应。控制系统常用的输入为单位阶跃函数和脉冲激励函数。

5.3.1　典型输入

为了研究自动控制系统的暂态特性和稳态特性，需要知道输入量的变化规律，但通常是不能准确知道输入量的变化的。不同输入形式其响应是不同的，为了便于比较，常用一些规定的输入形式作为系统输入来检查系统的性能，这些输入就称为**典型输入**。自动控制系统通常使用的典型输入信号有脉冲输入、阶跃输入、斜坡输入、加速度输入和正弦输入。利用这些典型输入信号易于对系统进行试验和数学分析。

1. 单位脉冲输入

单位脉冲函数的幅值为无穷大，持续时间为零，这纯属数学上的假设，但在系统分析中是很有用的。实际中，常用系统受到单位脉冲输入作用后的输出来衡量系统的暂态响应特性。

$$r(t) = \delta(t) = \begin{cases} \infty & t > 0 \\ 0 & t \neq 0 \end{cases}$$

其中，$\int_{-\infty}^{\infty} \delta(t)\,\mathrm{d}t = 1$。

其拉普拉斯变换是：$R(s) = L[\delta(t)] = 1$。

单位脉冲响应的拉普拉斯变换就是系统的传递函数，如果在系统输入端加一单位脉冲函数，由输出响应即可求出系统的传递函数。

在分析闭环系统时，单位脉冲输入具有重要意义。根据系统的脉冲输出可以求传递函数，并且可以求出任意输入信号下的系统响应。

2. 单位阶跃输入

$$r(t) = 1(t) = \begin{cases} 1 & t > 0 \\ 0 & t \leqslant 0 \end{cases}$$

其拉普拉斯变换是：$R(s) = L[1(t)] = \dfrac{1}{s}$。

在 $t=0$ 处的阶跃信号相当于一个不变的信号突然加到系统上。对于恒值系统，相当于给定值突然发生变化；对于随动系统，相当于加一个突变的给定位置信号。

3. 单位斜坡输入

$$r(t) = \begin{cases} t & t > 0 \\ 0 & t \leqslant 0 \end{cases}$$

其拉普拉斯变换是：$R(s) = L[r(t)] = \dfrac{1}{s^2}$。

单位斜坡输入对于随动系统，相当于加一个突变的给定位置信号。

4. 单位加速度输入

$$r(t) = \begin{cases} \dfrac{1}{2}t^2 & t > 0 \\ 0 & t \leqslant 0 \end{cases}$$

其拉普拉斯变换是：$R(s) = L[r(t)] = \dfrac{2}{s^3}$。

单位加速度输入对于随动系统，相当于加一个恒加速度变化的位置信号。

5. 单位正弦输入

$$r(t) = \begin{cases} \sin(\omega t) & t > 0 \\ 0 & t \leqslant 0 \end{cases}$$

其拉普拉斯变换是

$$R(s) = L[r(t)] = \frac{\omega}{s^2 + \omega^2}$$

利用单位正弦输入可以求得系统对不同频率的稳态响应，由此可以间接判断系统性能。

典型输入的选用应视系统要求而定。例如，对于恒值系统通常用阶跃输入；对于随动系统通常用斜坡输入和加速度输入；对于扰动与响应系统通常用阶跃输入和脉冲输入。

5.3.2 时域响应性能指标

当已知时域响应 $C(t)$ 时，按 $C(t)$ 的形状就大致可判断出其动力学的性能。一般来说，对系统输出响应的要求可以用两个基本要求和三个衡量标准来概括。

两个基本要求：对设定值输入的跟随、对扰动输入的抑制。

三个衡量标准：跟随和抑制过程的稳定性、快速性和准确性。

阶跃响应通常是对设定值为阶跃信号的响应。对于稳定的控制系统，其典型的单位阶跃响应曲线如图 5-7 所示，并可以定义以下主要性能指标。

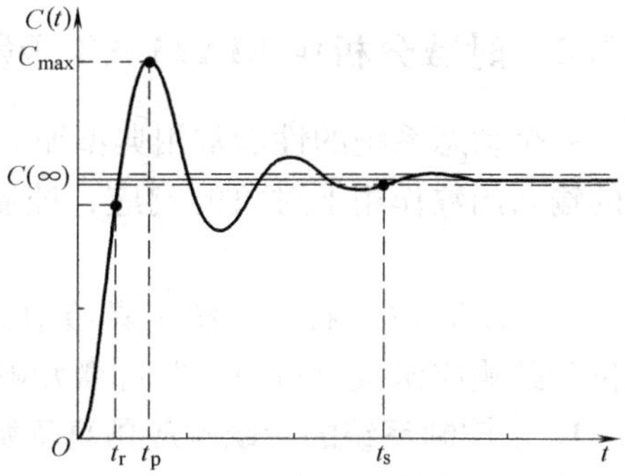

图 5-7　单位阶跃响应曲线

1. 最大超调量或超调量 $\sigma\%$

超调量是指在动态过程中被控制量的最大值偏离稳定值的相对程度。

$$\sigma\% = \frac{C(t_p) - C(\infty)}{C(\infty)} \times 100\%$$

其中，$C(t_p)$为输出量的最大值；$C(\infty)$为输出量的稳定值。

2. 上升时间 t_r

它表示响应曲线第一次到达稳态值 $C(\infty)$的时间。对于有振荡的系统，亦可定义为响应曲线从零上升，首次到达稳定值所需要的时间；对于单调无超调过程，一般可定义为 $C(t)$ 从 $0.1C(\infty)$上升到 $0.9C(\infty)$所需要的时间。

3. 峰值时间 t_p

它表示响应曲线超过终值到达第一个峰值所需要的时间。

4. 调节时间 t_s

它表示响应曲线到达并保持在稳态值 $C(\infty)\ \pm 5\%$（或 $\pm 2\%$）内所需要的最短时间。

5. 稳态误差 e_{ss}

稳态误差指系统输出 $C(\infty)$与希望值之差。

5.3.3　典型二阶系统的时域响应性能指标分析

典型二阶系统在欠阻尼的情况下，其单位阶跃响应的时域性能指标分析如下：

最大超调量：在单位阶跃输入下，$C(\infty)=1$ 时，$\sigma\% = e^{-\frac{\xi\pi}{\sqrt{1-\xi^2}}} \times 100\%$。

上升时间：$t_r = \dfrac{\pi - \beta}{\omega_n\sqrt{1-\xi^2}}$，$\beta = \arccos\xi$。

峰值时间：$t_p = \dfrac{\pi}{\omega_n\sqrt{1-\xi^2}}$。

调节时间：当 $0.1<\xi<0.9$ 时，有

$$t_s \approx \frac{3}{\zeta\omega_n} \quad (\Delta = 5\% \text{时})$$

$$t_s \approx \frac{4}{\zeta\omega_n} \quad (\Delta = 2\% \text{时})$$

上述指标从不同的侧面反映了二阶系统的性能，其中上升时间 t_r 反映了快速性，超调量 $\sigma\%$ 反映了相对稳定性，调节时间 t_s 反映了系统进入稳态值误差范围所需时间。

5.3.4 时域分析中 MATLAB 函数的应用

一个动态系统的性能常用典型输入作用下的响应来描述。响应是指零初始条件下某种典型的输入函数作用下对象的响应，控制系统常用的输入函数为单位阶跃函数和脉冲激励函数。

在 MATLAB 的控制系统工具箱中提供了这两种输入下系统响应的函数。常用的函数有单位阶跃响应函数 step( )、脉冲激励响应函数 impulse( )和时域分析函数。

1. 求控制系统的阶跃响应仿真函数(step)

连续系统的命令格式为

```
[y, x, t] = step(num, den)          [y, x, t] = step(a, b, c, d, iu, t)
step(num, den)                      step(num, den, t)
step(a, b, c, d, iu)                step(a, b, c, d, iu, t)
```

[y, x, t] = step(num, den)：其中 num 和 den 分别为系统传递函数描述中的分子和分母多项式系数，时间向量由系统模型特性自动生成，状态变量 x 返回为空矩阵。

[y, x, t] = step(a, b, c, d, iu)：其中 A，B，C，D 为系统的状态空间描述矩阵，iu 用来指明输入变量的序号，x 为系统返回的状态轨迹。

y = step(num, den, t)：t 为选定的仿真时间向量，一般可由 t = 0：step：end 等步长产生。该函数返回值 y 为系统在仿真中所得输出组成的矩阵。

step(num, den)或 step(a, b, c, d, iu)：直接调用函数，不产生输出值，而直接绘制系统的阶跃响应曲线。

step(num, den, t)或 step(a, b, c, d, iu, t)：t 为选定的仿真时间向量，其他同上。

线性系统的稳态值可以通过函数 dcgain( )来求得，其调用格式为

```
dc = dcgain(num, den)               dc = dcgain(a, b, c, d)
```

2. 求控制系统脉冲激励响应仿真函数(impulse)

连续系统的命令格式为

```
[y, x, t] = impulse(num, den)       [y, x, t] = impulse(a, b, c, d, iu, t)
impulse (num, den)                  impulse (num, den, t)
impulse (a, b, c, d, iu)            impulse (a, b, c, d, iu, t)
```

3. 常用时域分析函数

时间响应分析的是系统对输入和扰动在时域内的瞬态行为。系统的特征，如上升时间、调节时间、超调量和稳态误差，均能从时间响应上反映出来。

MATLAB 除提供前面介绍的对系统阶跃响应、脉冲激励响应等进行仿真的函数外，还提供了大量对控制系统进行时域分析的函数。

initial：连续系统的零输入响应

lsim：连续系统对任意输入的响应

在 MATLAB 中，函数 lsim( )和函数 gensig( )经常联合起来使用，对系统进行时域分析。

函数 gensig( )可以用来产生一些信号，其调用格式为

```
[u, t] = gensig(type, tau, tf, ts)
```

Type 表示产生信号的类型：'sin'正弦波、'square'方波、'pulse'脉冲系列等；

Tau 表示信号周期；tf 表示信号持续时间；ts 表示采样周期；u 为所产生的信号。

由函数 lsim( )可以求出系统在任意输入下的时间响应曲线，其格式为

y = lsim(sys, u, t)

u 表示输入，sys 为系统对象。

例 5-4　计算系统在正弦波信号下的时间响应（正弦波的周期为 4s，持续时间为 20s，采样周期为 0.1s），系统传递函数为 $G(s) = \dfrac{1}{s^2+3s+2}$。

解　程序编制如下：

[u, t] = gensig('sin', 4, 20, 0.1);% 产生一个幅值为 1 的正弦信号

lsim(tf([1], [1 3 2]), u, t);

输出 $y(t)$ 的时间响应曲线如图 5-8 所示。

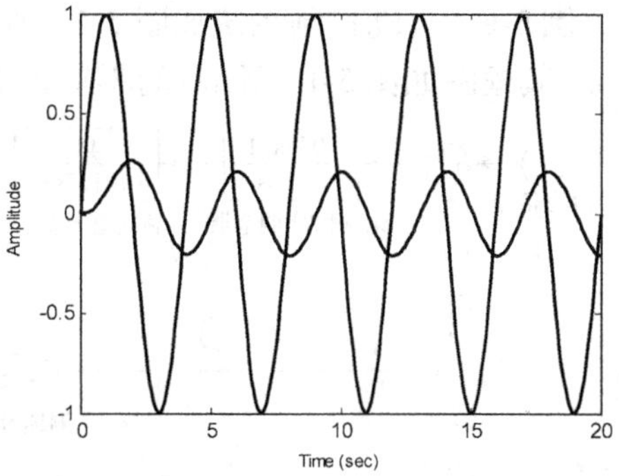

图 5-8　输出 $y(t)$ 的时间响应曲线

对于离散系统，只需在连续系统对应函数前加“d”即可，如 dstep，dimpulse 等，其调用格式与 step，impulse 类似。

例 5-5　求连续系统闭环传递函数 $G(s) = \dfrac{s+5}{s^2+0.5s+1}$ 的阶跃响应；求离散系统闭环传递函数 $H(s) = \dfrac{2z^2-3.4z+1.5}{z^2-1.6z+0.8}$ 的阶跃响应。

解　程序编制如下：

num = [1 5]; den = [1 0.5 1];

t = 0: 0.02: 20;

[y] = step(num, den, t);% 连续系统的阶跃响应曲线(见图 5-9a)

[y1] = impulse(num, den, t);% 连续系统的脉冲激励响应曲线(见图 5-9b)

subplot(221); plot(t, y,'k'); grid

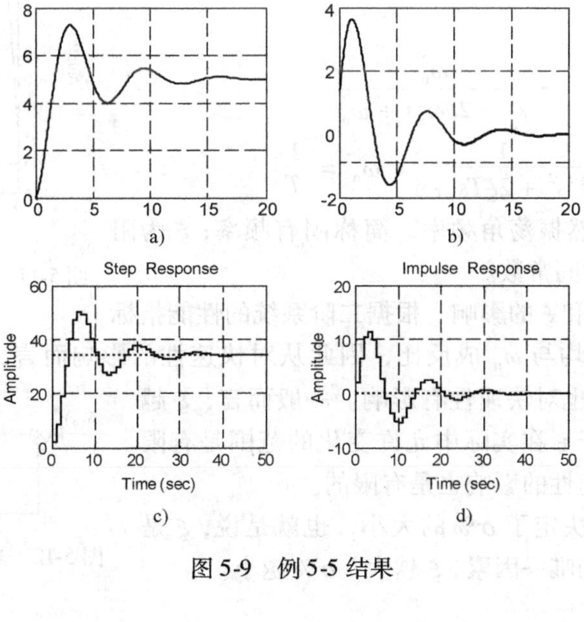

图 5-9　例 5-5 结果

```
subplot(222); plot(t, y1,'k'); grid
num=[2 3.4 1.5]; den=[1 -1.6 0.8];
subplot(223); dstep(num, den); % 离散系统的阶跃响应曲线(见图5-9c)
subplot(224); dimpulse(num, den);% 离散系统的脉冲激励响应曲线(见图5-9d)
```

例 5-6 自动控制系统如图 5-10 所示，求其晶闸管-直流电动机转速负反馈单闭环调速系统(其框图如图 5-10 所示)的零输入响应曲线，其初始状态 x0 = [1 0 0 0]。

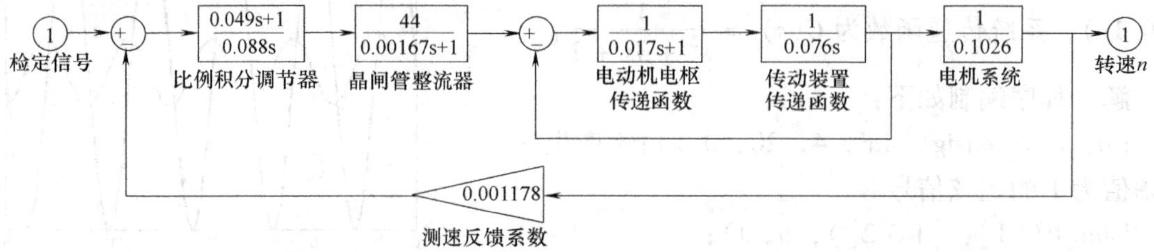

图 5-10 晶闸管-直流电动机转速负反馈单闭环调速系统框图

解 求出单闭环系统传递函数为

$$G(s) = \frac{2.156s + 44}{0.00000003607s^4 + 0.00002372s^3 + 0.001299s^2 + 0.04234s + 0.5183}$$

其程序代码如下：

```
num=[2.156 44];
den=[0.3607e-007 0.2372e-004 0.1299e-002 0.04234 0.5183];
[a, b, c, d]=tf2ss(num, den);
x0=[1 0 0 0];
initial(a, b, c, d, x0)
```

运行程序，得到系统的零输入响应曲线如图 5-11 所示。

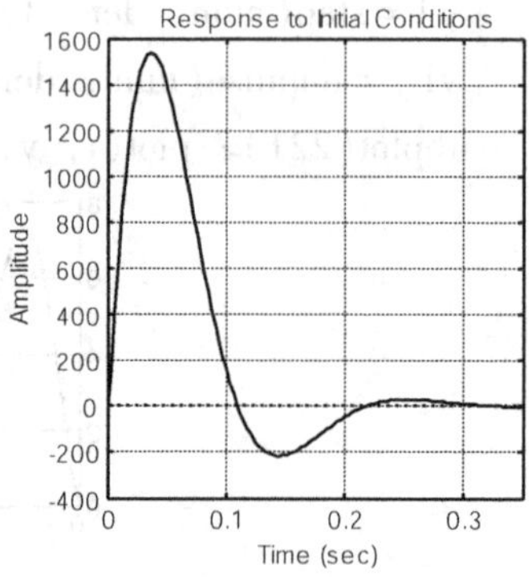

图 5-11 系统的零输入响应曲线

4. 二阶系统对时域响应性能的影响

典型的二阶系统的结构图如图 5-12 所示。

其闭环传递函数为

$$G(s) = \frac{\omega_n^2}{s^2 + 2\xi\omega_n s + \omega_n^2}$$

或 $$G(s) = \frac{1}{T^2s^2 + 2\xi Ts + 1} \quad \omega_n = \frac{1}{T}$$

式中，ω_n 为无阻尼自然振荡角频率，简称固有频率；ξ 为阻尼系数；T 为系统的时间常数。

(1) 闭环参数 ω_n 和 ξ 的影响 根据二阶系统的性能指标分析可知，t_r、t_p 和 t_s 均与 ω_n 成反比，因此从对快速性的影响而言，ω_n 越大则响应越快。当然，ξ 在一定程度上也对快速性有影响。一般而言，ξ 越小快速性越好，但由于 ξ 在实际中允许变化的范围是有限的，因此其对系统快速性的影响也是有限的。

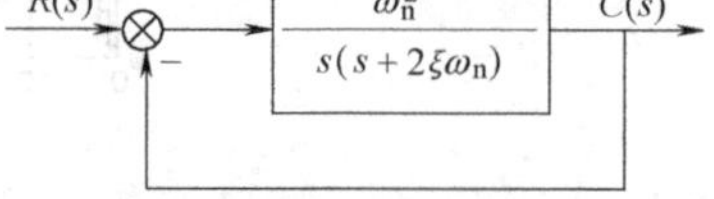

图 5-12 典型二阶系统的结构图

另一方面，ξ 唯一决定了 $\sigma\%$ 的大小，也就是说，ξ 是决定系统相对稳定性的唯一因素，ξ 越大，$\sigma\%$ 越小。

（2）闭环极点分布对时域响应的影响　闭环极点分布对时域响应的影响可归结为以下几点：

1）如果闭环极点落于虚轴上，则系统处于临界稳定状态。

2）如果闭环极点是负实数极点，则系统阶跃是单调的，$\sigma\% = 0$。

3）如果闭环极点是负实部的共轭复数极点，则系统阶跃响应是衰减振荡的，其超调量与初相角 θ 有关，θ 越大，则超调量越大。

4）系统时域响应的快速性与闭环极点距虚轴的距离有关，距离越大，则 t_s 越小。

5）如果系统有多个闭环极点，则距离越近的闭环极点所起的作用越大，如果一个闭环极点距虚轴的距离较另一个闭环极点距虚轴的距离大5倍或5倍以上，则距离远的闭环极点的影响可以忽略。

5. 高阶系统的时域分析

（1）高阶系统时域响应的一般形式　设系统的闭环传递函数为

$$G(s) = \frac{C(s)}{R(s)} = \frac{b_0s^m + b_1s^{m-1} + \cdots + b_{m-1}s + b_m}{a_0s^n + a_1s^{n-1} + \cdots + a_{n-1}s + a_n}$$

$$= K\frac{(s+z_1)(s+z_2)\cdots(s+z_m)}{(s+p_1)(s+p_2)\cdots(s+p_n)}$$

当输入 $r(t) = 1(t)$ 时，$R(s) = \frac{1}{s}$，此时

$$G\ (s) = G(s)R(s) = K\frac{(s+z_1)(s+z_2)\cdots(s+z_m)}{(s+p_1)(s+p_2)\cdots(s+p_n)} \cdot \frac{1}{s}$$

（2）高阶系统的主导极点　高阶系统的阶跃响应是由一系列动态分量组成的，各动态分量的幅值由闭环极点和零点共同决定。当某个极点与某个零点接近时，其幅值必定很小，其动态分量的衰减速度由其极点的实部（闭环极点距虚轴的距离）所决定。距虚轴越远的闭环极点，其所对应的动态分量衰减越快。显然，在阶跃响应过程中，影响最大的分量是那些幅值最大而衰减又慢的分量，这些分量所对应的闭环极点是那些距虚轴最近而附近又没有闭环零点的闭环极点。

由此可得出以下结论：

1）主导极点。在整个响应过程中，起决定性作用的是闭环极点，称为主导极点。它是距虚轴最近而附近又没有闭环零点的闭环极点。工程上往往只用主导极点来估算系统的动态特性，即将系统近似地看成是一阶或二阶系统。

2）距虚轴的距离较主导极点远5倍或5倍以上的闭环零点、极点，其影响可以忽略不计。

3）偶极子。一对靠得很近的闭环零点、极点称为偶极子。工程上，当某极点与某零点之间的距离比它们的模值小一个数量级时，就可认为这对零点、极点为偶极子。在闭环传递函数中，如果零点、极点数值相近，则可将该零点和极点一起消掉，称为偶极子相消。

5.3.5　MATLAB 在稳定性分析中的应用

在 MATLAB 中，可利用 pzmap 和 zplane 函数绘制出连续/离散系统的零极点图，从而确定系统的稳定性。但有些情况下，仍需要借助于求解 lyapunov 方程，利用 lyapunov 稳定性理

论来判定系统的稳定性。在 MATLAB 中，利用 lpap 函数可求解 lyapunov 方程。

MATLAB 提供了直接求取系统所有零极点的函数，因此可以直接通过根据零极点的分布情况对系统的稳定性进行判断。

MATLAB 提供了直接求根的命令 roots( )，因此可以直接通过求根来判断稳定性。其命令格式如下：

```
p = roots(den)
```

例 5-7 已知控制系统的开环传递函数为 $G(s) = \dfrac{0.2(s+2.5)}{s(s+0.5)(s+0.7)(s+3)}$，试用 MATLAB 编写程序判断此闭环系统的稳定性，并绘制闭环系统的零极点图。

解 MATLAB 程序代码如下：

```
z = -2.5;
p = [0, -0.5, -0.7, -3];
k = 0.2;
[n, d] = zp2tf(z, p, k);
[num, den] = feedback(n, d, 1, 1)
p = roots(den)
pzmap(num, den)
[z, p, k] = tf2zp(num, den)
```

运行结果如下：

```
num = 0   0   0   0.2000   0.5000
den = 1.0000 4.2000   3.9500   1.2500   0.5000
```

其闭环零极点如下：

```
z = -2.5000
p = -3.0058
    -1.0000
    -0.0971 + 0.3961i
    -0.0971 - 0.3961i
k = 0.2000
```

绘制出的闭环零极点图如图 5-13 所示。

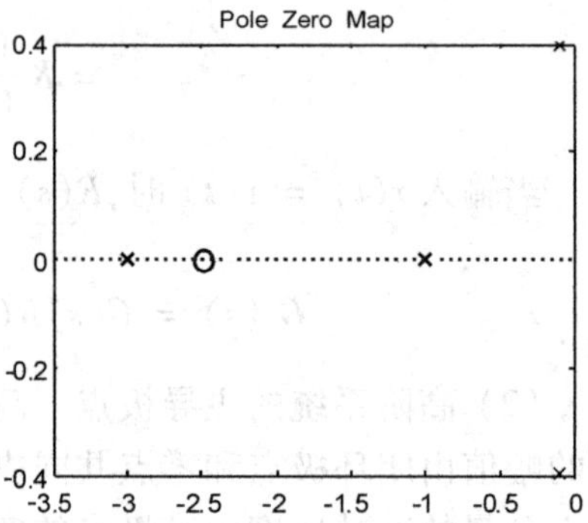

图 5-13 闭环零极点图

5.4 根轨迹分析法

本节主要介绍根轨迹法的基本概念以及根轨迹图的基本绘制规则，描述用 MATLAB 绘制根轨迹图的基本方法。

5.4.1 根轨迹定义

自动控制系统的稳定性完全由它的闭环极点(特征根)决定，而系统的品质则取决于它的闭环极点和零点。因此在设计一个闭环控制系统时，如果能够通过分析开环系统来决定闭环系统的特征，将具有很大意义。

根轨迹法就是根据反馈系统开环和闭环传递函数之间的关系，由开环传递函数来直接寻求闭环特征根的轨迹的总体规律，而无需求解高阶系统的特征根。根轨迹法用图解的方法来表示特征方程的根与系统的某个参数(通常是回路增益)之间的全部数值关系，该参数的某个特定值所对应的根显然位于上述关系图上。

所谓根轨迹是系统的某个特定参数(通常是回路增益 K)从零起变化到无穷大时，描绘闭环系统特征方程的根在 S 平面的所有可能位置的图形。当改变增益值或增加开环零极点时，可以利用根轨迹法预测其闭环极点位置的影响。因此掌握根轨迹的绘制方法是非常有用的。

5.4.2　与根轨迹分析相关的 MATLAB 函数

在 MATLAB 控制工具箱中给出了一些有关根轨迹的函数

1. 绘制系统的零极点图 pzmap( )

pzmap( )函数可给出线性时不变(LTI)系统的零极点图。对 SISO 系统而言，pzmap 函数可给出传递函数的零点和极点；对 MIMO 系统来说，pzmap 可给出系统的特征矢量和传递零点。

```
pzmap(sys)
[p, z] = pzmap(sys1, sys2, …)
[p, z] = pzmap(sys)
```

使用说明：

pzmap(sys)函数用来计算线性时不变系统的零极点，并把零极点绘制在复平面上。

[p, z] = pzmap(sys1, sys2, …)函数可在同一复平面中画出多个线性时不变(LIT)系统的零极点，为区分各个系统的零极点，可以用不同颜色来显示，如 pzmap(sys1,'r', sys2,'y',sys3,'g')。

[p, z] = pzmap(sys)返回系统零极点位置的数据，而不直接绘制零极点图。

2. 求系统的根轨迹 rlocus( )

rlocus 计算并绘制 SISO 系统的根轨迹，根轨迹用于研究改变反馈增益对系统极点分布的影响，从而进行系统时域和频域的分析，rlocus( )函数既适用于连续时间系统，也适用于离散时间系统。

```
rlocus(num, den)或 rlocus(sys)
rlocus(sys1, sys2, …)
rlocus(num, den, k) 或 rlocus(sys, k)
[r, k] = rlocus(sys, k) 或[r, k] = rlocus(num, den, k)
```

使用说明：

rlocus(sys, k)用来绘制增益为 k 的闭环极点。

rlocus(sys1, sys2, ……)可以在同一复平面内画出多个 SISO 系统的根轨迹，为区分各个系统的根轨迹，可以用不同颜色来显示，如 rlocus(sys1,'r', sys2,'y', sys3,'g')。

[r, k] = rlocus(sys) 或[r, k] = rlocus(sys, k)用来返回增益为 k 时的复根位置的矩阵 R，R 有 length(k)行，其第 j 行列出的是增益 k(j)时的闭环根。

3. 求系统给定一组的根轨迹增益的函数 rlocfind( )

rlocfind 函数可计算出与根上极点相对应的根轨迹增益，p 为可指定要得到增益的根矢量。rlocfind 既适用于连续系统，也适用于离散系统。

使用该命令时，可在图形窗口根轨迹图中显示出十字光标，当用户选择其中一点时，其相应的增益由 k 记录，与增益相关的所有极点记录在 poles 中。该函数命令一般用于寻找根轨迹上一些比较特殊的点。

[k, poles] = rlocfind(num, den)或[k, poles] = rlocfind(sys)

[k, poles] = rlocfind(num, den, p)或[k, poles] = rlocfind(sys, p)

[k, poles] = rlocfind(sys)执行后，在根轨迹图形窗口中显示十字光标，当用户在根轨迹上选择一点时，其相应的增益由 k 记录，与增益有关的所有极点记录于 poles 中。

[k, poles] = rlocfind(sys, p)函数可对指定根计算对应的增益与根矢量 p。

4. 绘制阻尼系数和自然频率栅格线(sgrid, zgrid)

sgrid

zgrid

sgrid('new') zgrid('new')	该函数先清除图形屏幕然后绘制出栅格线
sgrid(z,wn) zgrid(z,wn)	可指定阻尼系数和自然频率
sgrid(z,wn,'new') zgrid(z,wn,'new')	完成上述两项功能

sgrid 和 zgrid 函数可在连续及离散系统的根轨迹图或零极点图上绘制出栅格线，栅格线由阻尼系数和自然频率构成，阻尼系数线以步长 0.1 从 $\xi=0$ 到 $\xi=1$ 绘出，自然频率线以步长 π/10 从 0 到 π 绘出。

例 5-8 求连续系统 $G(s)=\dfrac{k(2s^2+5s+1)}{s^2+2s+3}$ 的零极点及根轨迹图，并带有栅格线。

解 其程序代码如下：

```
num = [2 5 1];
den = [1 2 3];
subplot(211); pzmap(num, den);
subplot(212), rlocus(num, den);
sgrid([0.5 0.6 0.7], [0.5 0.9 1.5])
```

运行程序，得到连续系统零极点及根轨迹图如图 5-14 所示。

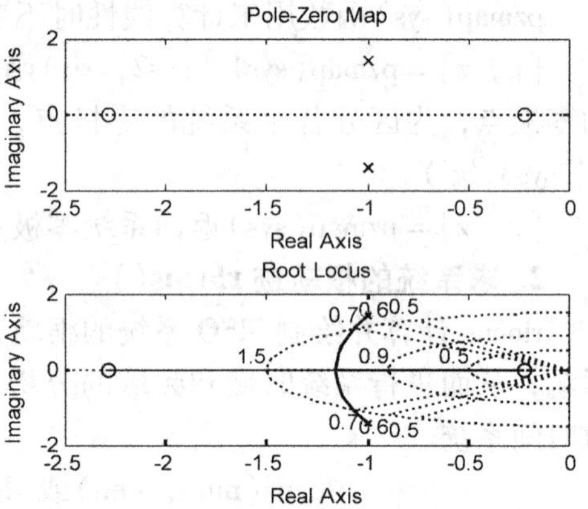

图 5-14 连续系统零极点及根轨迹图

5.5 频域分析法

5.5.1 频率特性

频率特性是控制系统的一个重要特性，通过频率特性可间接地对系统动态性能和稳态性能进行分析，可用三种图形对频率特性进行描述，即对数频率特性曲线(bode 曲线)、幅相频率特性曲线和极坐标频率特性曲线(nyquist 曲线)。频域分析法的特点是可以根据开环频率特性来分析闭环系统的特性，并可方便地分析出系统参数对系统性能的影响，从而提出改善系统性能的方法。

1. 频率特性定义

频率特性是指系统在正弦信号作用下，稳态输出与输入之比相对频率的关系特性。频率特性函数与传递函数有直接的关系，记为

$$G(j\omega)=\frac{X_o(j\omega)}{X_i(j\omega)}=A(\omega)e^{j\varphi(\omega)}$$

式中，$A(\omega)$称为幅频特性，$A(\omega)=\frac{X_o(\omega)}{X_i(\omega)}$；$\varphi(\omega)$称为相频特性，$\varphi(\omega)=\varphi_o(\omega)-\varphi_i(\omega)$。

频率特性还可以表示为

$$G(j\omega)=\frac{X_o(j\omega)}{X_i(j\omega)}=p(\omega)+j\theta(\omega)$$

式中，$p(\omega)$ 为 $G(j\omega)$ 的实部，称为实频特性；$\theta(\omega)$ 为 $G(j\omega)$ 的虚部，称为虚频特性。

显然有

$$\begin{cases}p(\omega)=A(\omega)\cos\varphi(\omega)\\ \theta(\omega)=A(\omega)\sin\varphi(\omega)\\ A(\omega)=\sqrt{p^2(\omega)+\theta^2(\omega)}\\ \varphi(\omega)=\arctan\dfrac{\theta(\omega)}{p(\omega)}\end{cases}$$

2. 频率特性指标

与时域响应中衡量系统性能采用时域性能指标类似，频率特性在数值上和曲线形状上的特点通常可采用频域性能指标来衡量，它们在很大程度上能够间接地表明系统的动静态特性。

1）谐振频率 ω_r：表示幅频特性 $A(\omega)$出现最大值时所对应的频率。

2）谐振峰值 M_r：表示幅频特性的最大值。

3）频率 ω_b：表示幅频特性 $A(\omega)$的幅值衰减到起始值的 0.707 时所对应的频率。

4）零频 $A(0)$：表示 $\omega=0$ 时的幅值。

5.5.2　与频率特性分析有关的 MATLAB 函数

频率法作为一种图解分析方法，可采用图形化的工具对系统进行分析。频率特性曲线包括三种常用形式，这里只介绍两种。

1. 对数坐标图(bode 图)

bode 图由对应对数幅频特性和对应对数相频特性的两张图组成。

对数幅频特性是频率特性的对数值 $L(\omega)=20\lg A(\omega)$与频率 ω 的关系曲线。它的纵坐标为 $L(\omega)=20\lg A(\omega)$，单位为 dB(分贝)，采用线性分度，$A(\omega)$每增加 10 倍，$L(\omega)$增加 20dB；横坐标采用对数分度，即横坐标上的 ω 取对数后为等分点。

对数相频特性是频率特性的相角 $\varphi(\omega)$与频率 ω 的关系曲线，对数相频特性横坐标采用对数分度，纵坐标为线性分度，单位为(°)(度)。

bode(num, den)：绘制以连续时间多项式传递函数表示的系统 bode 图，其中频率范围由函数自动选取，且在响应快速变化的位置会自动采用更多取样点。

bode(a, b, c, d)：绘制以连续状态空间系统的每一个输入表示的 bode 图，其他同上。

bode(a, b, c, d, iu)：绘制从系统第 iu 个输入到所有输出的 bode 图，其他同上。

bode(num, den, w)或 bode(a, b, c, d, iu, w)：利用指定的角频率矢量绘制系统的 bode 图。

当带输出变量[mag, pha, w]或[mag, pha]引用函数时，可得到系统相应的幅值、相角与角频率点矢量或只是返回幅值与相角。相角以度为单位，幅值可转换成分贝单位，即 mag(dB) = 20lg(mag)。

其格式如下：[mag, pha, w] = bode(num, den)

[mag, pha, w] = bode(a, b, c, d, iu)

2. 极坐标图(nyquist 图)

系统频率特性可表示为：$G(j\omega) = A(j\omega)\, e^{j\varphi(\omega)}$。

用向量表示输入频率 ω_i 下的 $G(j\omega_i)$ 向量的长度 $A(\omega_i)$，向量极坐标角 $\varphi(\omega_i)$，$\varphi(\omega_i)$ 的正方向取为逆时针方向，选极坐标与直角坐标重合，极坐标的顶点在坐标原点。

频率特性 $G(j\omega_i)$ 是输入频率 ω_i 的复变函数。当频率 ω_i 由 $0 \to \infty$ 时，$G(j\omega_i)$ 是一条变化的曲线。这样绘制出的曲线即为极坐标图。当 $\omega = \omega_i$ 时，曲线在实轴上的投影即为实频特性 $p(\omega)$，曲线在虚轴上的投影即为虚频特性 $\theta(\omega)$。

MATLAB 提供了绘制系统极坐标图的函数。其用法如下：

nyquist (a, b, c, d, iu)：绘制从系统第 iu 个输入到所有输出的极坐标图。

nyquist (num, den)：绘制以连续时间多项式传递函数表示的系统极坐标图。

nyquist(num, den, w)或 nyquist (a, b, c, d, iu, w)：用指定的角频率矢量绘制系统的极坐标图。

当带输出变量[re, im]或[re, im, w]引用函数时，可得到系统频率特性函数的实部、虚部以及角频率点矢量，可用 plot(re, im)绘制出从负无穷到零变化的对应部分。

其使用格式如下：

[re,im,w] = nyquist (num,den)　[re,im] = nyquist(num,den,w)

[re,im,w] = nyquist (a,b,c,d,iu)　[re,im] = nyquist (a,b,c,d,iu,w)

5.5.3 频率响应分析

频率分析法是一种工程上广为采用的间接的系统分析与综合方法，系统频率特性函数的某些特征可用作间接反映系统动态响应的特征。

开环频率特性与时域响应的关系通常分为三个频段加以分析，即低频段、中频段和高频段。

低频段通常是指 $L(\omega) = 20\lg|G(j\omega)|$ 的渐近线在第一个转折频率之前的频段，这一频段的特性完全由积分环节和开环放大倍数决定。

中频段指开环对数幅频特性曲线在开环截止频率 ω_c 附近(0dB)的区段，这一频段的特性集中反映了闭环系统动态响应的平稳性和快速性。

高频段指开环对数幅频特性在中频段以后的频段，系统的开环对数幅频特性在高频段的幅值，直接反映了系统对高频干扰信号的抑制能力。高频部分的幅值越低，系统的抗干扰能力越强。

MATLAB 提供了用于计算系统稳定裕度的函数 margin( )，该函数可以从频率响应数据中计算出幅值裕度、相位裕度以及对应频率。幅值裕度和相位裕度是针对开环 SISO 系统而言的，它指出了系统在闭环时的相对稳定性。其调用法则如下：

由系统模型直接求取时，有

margin(num，den) 或 margin(a，b，c，d)

它用来计算连续系统传递函数(状态空间系统)表示的幅值裕度和相位裕度，并绘制出相应的 bode 图。

当不带输出变量引用时，margin 可在当前图形窗口中绘制出带有稳定裕度及相应频率显示的 bode 图，其中的幅值裕度以 dB 为单位。

由相位和幅值响应数据求取时，有

margin(mag，phase，w)

由 bode 命令得到的幅值 mag(不是以 dB 为单位)、相角 phase 及角频率 w 矢量绘出带有裕度及相应频率显示的 bode 图。

[gm，pm，wcg，wcp] = margin(mag，phase，w)

由 bode 命令得到的幅值 mag(不是以 dB 为单位)、相角 phase 及角频率 w 矢量计算出系统幅值裕度和相位裕度及相应的相角交界频率 wcg、截止频率 wcp，而不直接绘出 bode 图。

例 5-9　已知单位反馈系统的开环传递函数 $G(s)=\dfrac{100(s+4)}{s(s+0.5)(s+50)^2}$，求其开环频率特性图。

解　其程序代码如下：

```
k=100; z=[-4]; p=[0 -0.5 -50 -500]; [num,den]=zp2tf(z,p,k);
[mag,pha,w]=bode(num,den);
subplot(211), semilogx(w,20*log10(mag),'k'); grid
subplot(212), semilogx(w,pha,'k'); grid
```

运行程序，得到开环频率特性图如图 5-15 所示。

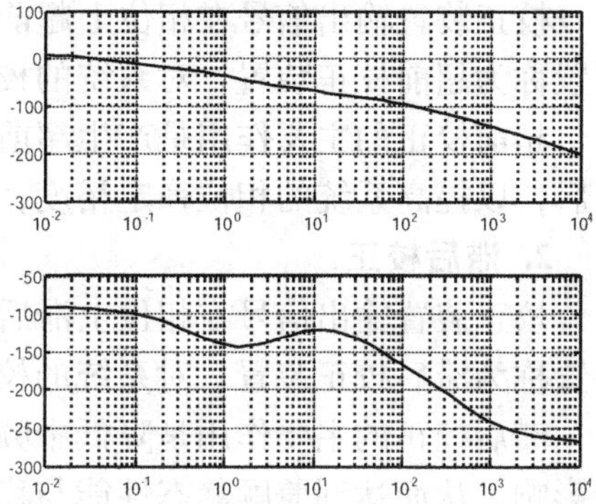

图 5-15　开环频率特性图

5.6　控制系统校正与综合

在自动控制系统的设计中，必须使控制系统在稳定性、稳态精度和暂态响应三个方面满足一定的技术要求。但是，当它们满足了其中的一方面要求时，往往会发现系统的另外一些指标就不那么令人满意或出现了系统的不稳定。在这种情况下，就需要原控制系统中引入某种装置来改善系统的动态性能。这种对系统性能的改善称为对系统的校正，所用的辅助设备叫做校正装置。

5.6.1　控制系统性能指标

性能指标有多种形式，不同的设计方法选用的性能指标是不同的，不同的指标之间又存在着某些联系，这些都是在确定性能指标时需要考虑的问题。

按类型不同，控制系统性能指标分类如图 5-16 所示。

- 稳态性能指标
  - 稳态误差
  - 静态位置误差系数
  - 静态速度误差系数
  - 静态加速度误差系数
- 动态性能指标
  - 时域指标：超调量、调节时间、上升时间、峰值时间
  - 频域指标
    - 开环频域指标
      - 截止频率、交界频率
      - 相位裕度、幅值裕度
    - 闭环频域指标
      - 谐振频率、谐振峰值
      - 频带宽度

图5-16 控制系统性能指标分类

5.6.2 控制系统校正概述

为使控制系统满足一定的性能指标，通常需要在控制系统中引入一定的附加装置，称为控制器或校正装置。根据校正装置的特性，可分为超前校正、滞后校正和滞后-超前校正装置。

1. 超前校正

校正装置输出信号在相位上超前于输入信号，即校正装置具有正的相角特性，这种校正装置称为超前校正装置，对系统的校正称为超前校正。

超前校正的主要作用是产生超前相角，可用于补偿系统固有部分在截止频率 ω_c 附近的滞后，以提高系统的相位稳定裕度，改善系统的动态特性。

2. 滞后校正

校正装置输出信号在相位上滞后于输入信号，即校正装置具有负的相角特性，这种校正装置称为滞后校正装置，对系统的校正称为滞后校正。

滞后校正的主要作用是降低中频段和高频段的开环增益，但同时使低频段的开环增益不受影响，从而达到兼顾静态性能与稳定性的目的。它的副作用是会在 ω_c 点产生一定的相角滞后。

3. 滞后-超前校正

校正装置在某一频率范围内具有负的相角特性，而在另一频率范围内却具有正的相角特性，这种校正装置称为滞后-超前校正装置，对系统的校正称为滞后-超前校正。

超前校正的主要作用是改善系统的动态响应特性，滞后校正的主要作用是改善系统的静态特性，两种校正相结合，就能同时改善系统的动态和静态特性。

4. 串联校正

如果校正元件与系统的固有部分串联起来，则称这种形式的校正为串联校正，其框图如图5-17所示。串联校正通常设置在前向通道中能量较低的点，为此通常需要附加放大器以增大增益、补偿校正装置的衰减或进行隔离。

5. 反馈校正

如果从系统的某个元件输出取得反馈信号，构成反馈回路，并在反馈回路内设置传递函数为 $G_c(s)$ 的校正元件，则称这种形式的校正为反馈校正，其框图如图5-18所示。反馈削弱了前向通道上元件变化的影

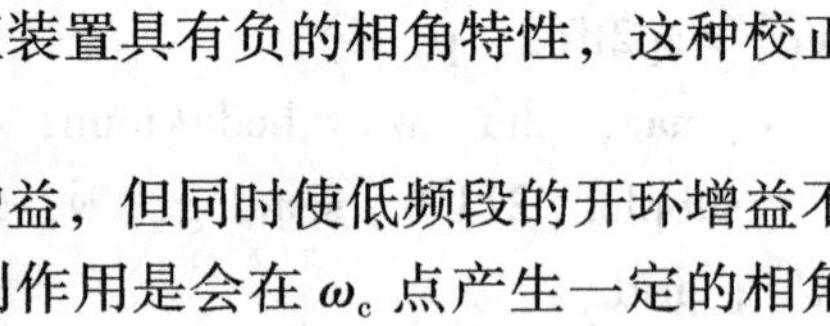

图5-17 串联校正框图

响，具有较高的灵敏度，单位反馈时也容易控制偏差，这就是较多地采用反馈校正的原因。

6. 前馈校正

如果从系统的输入元件输出取得前馈信号，构成前馈回路，并在前馈回路内设置传递函数为 $G_c(s)$ 的校正元件，则称这种形式的校正为前馈校正，其框图如图 5-19 所示。它是在系统反馈回路之外采用的校正方式之一。前馈校正通常用于补偿系统外部扰动的影响，也可用于对控制输入进行校正。

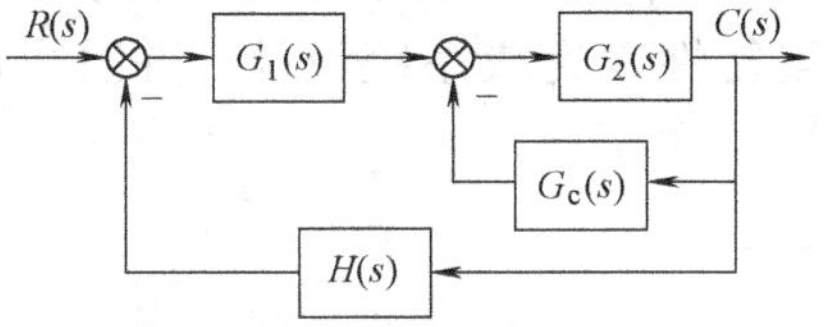

图 5-18　反馈校正框图

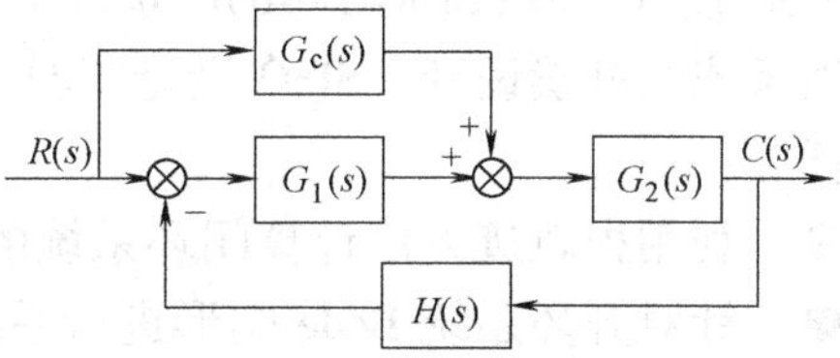

图 5-19　前馈校正框图

5.6.3　基于频率法校正的步骤

1. 超前校正

1）首先根据静态指标要求，确定开环比例系数 K，并按已确定的 K 画出系统固有部分的 bode 图。

2）根据动态指标要求预选 ω_c，从 bode 图上求出系统固有部分在 ω_c 点的相角。

3）据性能指标要求的相位裕度，确定在 ω_c 点是否需要提供相角超前量。如需要，则要算出需要提供的相角超前量。

4）如果所需相角超前量不大于 60°，求出超前强度 α。

5）求出超前校正的两个转折频率。

6）计算系统固有部分在 ω_c 点的增益 L_g(dB)及超前校正装置在 ω_c 点的增益 L_c(dB)。

2. 滞后校正

1）首先根据静态指标要求，确定开环比例系数 K，并按已确定的 K 画出系统固有部分的 bode 图。

2）根据动态指标要求预选 ω_c，从 bode 图上求出系统固有部分在 ω_c 点的相角。

3）从图上求出系统固有部分在 ω_c 点的开环增益 $L_g(\omega_c)$。

4）选择 $\omega_2=(1/10\sim1/5)\omega_c$，进而确定 ω_1。

5）画出校正后系统的 bode 图，校核相位裕度。

3. 滞后-超前校正

1）首先根据静态指标要求，确定开环比例系数 K，并按已确定的 K 画出系统固有部分的 bode 图。

2）根据动态指标要求预选 ω_c，从 bode 图上求出系统固有部分在 ω_c 点的相角。

3）按综合超前校正的步骤 3）~6）综合超前部分 $G_{c1}(s)$。

4）令 $20\lg\beta=L_g(\omega_c)+L_c(\omega_c)$，求出 β。

5）按综合滞后校正的步骤 4）~5）综合滞后部分 $G_{c2}(s)$。

6）将滞后校正与超前校正串联在一起，构成滞后—超前校正：$G_c(s)=G_{c1}(s)+G_{c2}(s)$。

5.6.4 SISO 设计工具

经典控制理论设计系统基本是"分析+画图"的试探方法，既繁琐又可能达不到预期的效果。MATLAB 的控制系统工具箱通过简单的编程，可以完成系统的设计。但对于不太熟悉 MATLAB 的用户有一定的难度。利用 MATLAB 提供的功能，可以直观地在图中进行设计，能使用户快速地完成系统校正的工作。

SISO 设计工具(SISO Design Tool)是一个图形化的用户界面，很方便地完成单输入单输出反馈系统的补偿设计。SISO 设计工具可以很快地重复性地完成系统设计，并且可以完成以下任务：

- 利用根轨迹方法计算闭环系统的动态特性；
- 针对开环系统 Bode 图形进行系统设计；
- 添加补偿器的零极点；
- 设计超前、滞后网络和前置滤波器；
- 分析闭环系统响应(用线性时不变系统观测)；
- 调整系统幅值或相位裕度；
- 系统在连续和离散状态下完成模型的互换。

下面对操作窗口进行介绍。

在 MATLAB 命令窗口输入 sisotool 就可以激活 SISO 设计工具窗口，如图 5-20 所示。

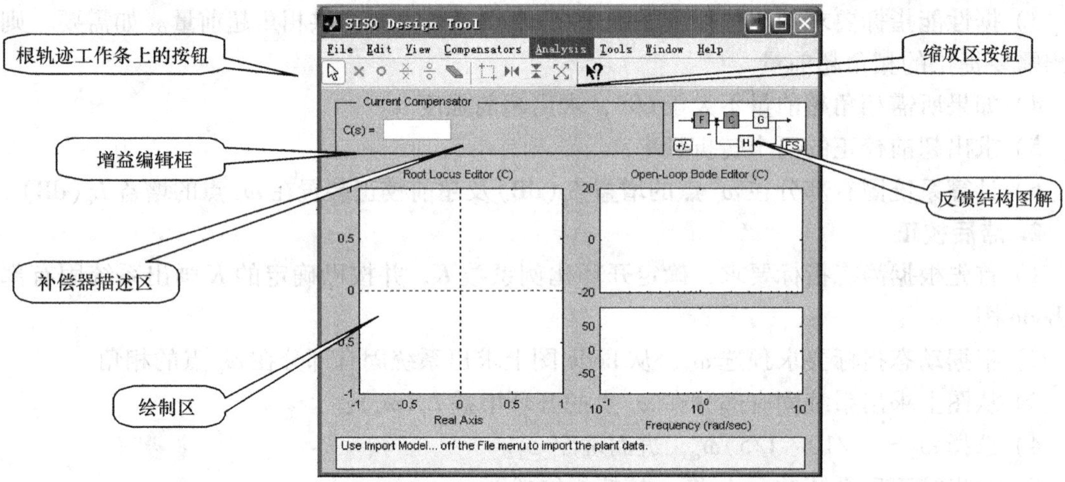

图 5-20 SISO 设计工具窗口

补偿器描述区：给出了当前补偿器的结构描述，默认的补偿器为 C=1。

反馈结构图解区：给出当前反馈系统的整个结构。C 为补偿模块，F 代表前滤波器，G 为对象模型，H 为反馈网络(传感器)。单击 FS 按钮，从中可以选择不同的控制结构和待设计的控制器，单击各模块可以观察模块的当前属性，它们的默认值都为 1，左下角的按钮可以切换正、负反馈。四种控制结构图如图 5-21 所示。

根轨迹工作条上的按钮：用来增加或者删除补偿器的极点、零点，还可以拖曳闭环系统的极点。左边的第一个按钮为拖曳补偿器的极点、零点和闭环极点，它为默认方式；第二个

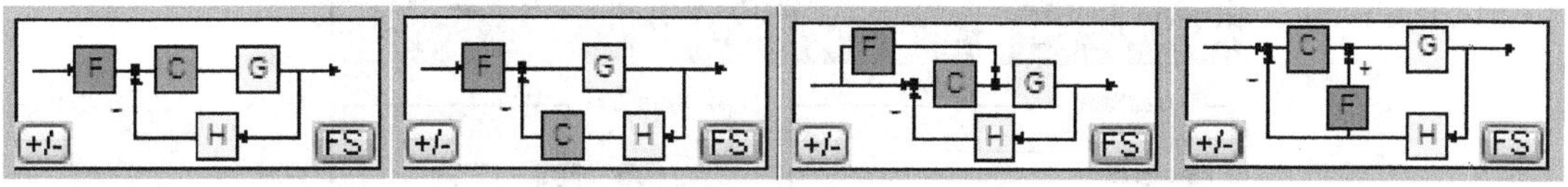

图 5-21　四种控制结构图

按钮为增加补偿器的极点；第三个按钮为增加补偿器的零点；第四个按钮为删除补偿器的零极点。

缩放区(Zoom)按钮： 如图所示。用来缩放显示根轨迹，第一个按钮为 X 和 Y 轴方向缩放；第二个按钮为 X 轴方向缩放；第三个按钮为 Y 轴方向缩放；第四个按钮为全视图显示。

增益编辑框(Gain)： 允许用户改变设定点(绘制区中的小方块)的增益值，从而改变闭环系统的极点位置。

绘制区： 用于显示系统根轨迹，若选中栅格框将出现等阻尼比、等无阻尼自然频率的栅格线，还可以绘制出希望闭环极点区域的边界线。绘制区中的小方块代表增益编辑框的增益值所对应的闭环极点，X 代表开环极点，O 代表开环零点。

坐标轴设定区： 用于标取根轨迹的坐标范围和切换正方形与长方形坐标、相等与不等的坐标纵横比。

复选框区： 有阶跃响应( )、脉冲响应( )、bode 图( )、Nyquist 图、尼柯尔斯图( )，选中任一复选框将激活一个系统响应的分析窗口。

窗口的最后一行为状态行，给出提示信息。

在 MATLAB 的控制工具箱中提供了一个控制器设计界面函数，该函数的基本调用方法为

sisotool

sisotool(G，Gc)

其中，G 为受控对象模型；Gc 为控制器模型。

还有一种模型导入方式，首先在 MATLAB 命令窗口下输入被控对象的传递函数，以及控制器模型传递函数；然后键入“sisotool”打开 SISO 设计工具，在 SISO Design Tool 的窗口菜单中选择“File”→“import”，则打开图 5-22 所示的导入系统数据窗口。

在导入系统数据窗口左边的“Import from”下有三种导入数据的方式：“Workspace”表示从工作空间中导入系统模型；“MAT-file”表示从数据文件中导入系统模型；“Simulink”表示从 Simulink 中导入系统模型。

在导入系统数据窗口右边的“System Data”下有四类数据模型：“G”为被控对象的函数；“H”为反馈网络；“F”为前置滤波器；“C”为补偿器。

利用中部的箭头按钮依次导入系统模型，点“OK”以后则可出现图 5-23 所示的根轨迹及 bode 图形窗口。

在任何绘图区，SISO 设计工具里有右键菜单。在图 5-23 所示的 bode 图的空白区域单击鼠标右键，出现一个带有二级菜单的菜单如图 5-24a 所示。打开 bode 幅值菜单可以针对不同的绘图类型来定制菜单。

图 5-24b 为“Add Pole/Zero”的二级菜单；图 5-24c 为“Show”的二级菜单；图 5-24d 为

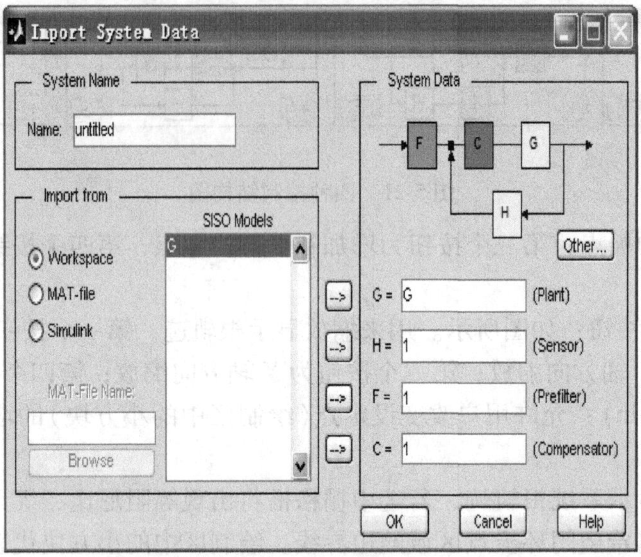

图 5-22　导入系统数据窗口

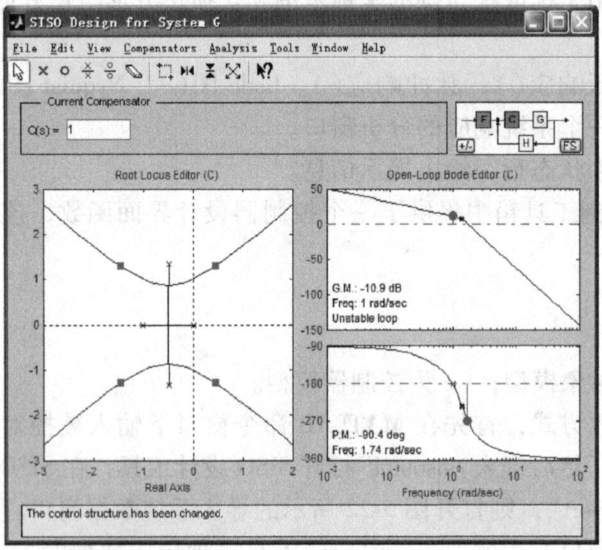

图 5-23　根轨迹及 bode 图形窗口

“Design Constraints”的二级菜单；图 5-24e 为“Zoom”的二级菜单。

在图 5-23 所示的根轨迹图的空白区域单击鼠标右键，出现一个带有二级菜单的菜单如图 5-25a 所示。可以针对不同的绘图类型来定制菜单，改变其系统的根轨迹。

图 5-25b 为“Add Pole/Zero”的二级菜单；图 5-25c 为“Design Constraints”的二级菜单；图 5-25d 为“Zoom”的二级菜单；

利用“Tools”→“Draw Simulink Diagram”菜单项将自动绘制出闭环系统的 Simulink 仿真框图，利用框图可以对系统进行仿真分析。在 Simulink 框图中，系统和受控对象均采用了控制系统工具箱中的 LTI 模块，同时所设计的控制器模型和前置控制器模型将自动返回到 MATLAB 工作空间，可以直接在仿真中使用。

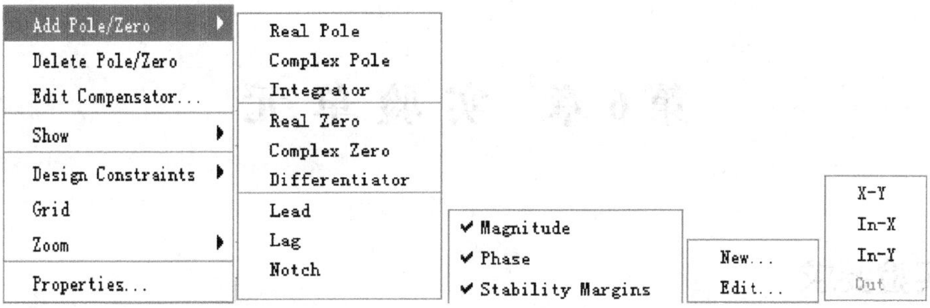

a)　b)　c)　d)　e)

图 5-24　bode 图菜单编辑窗口

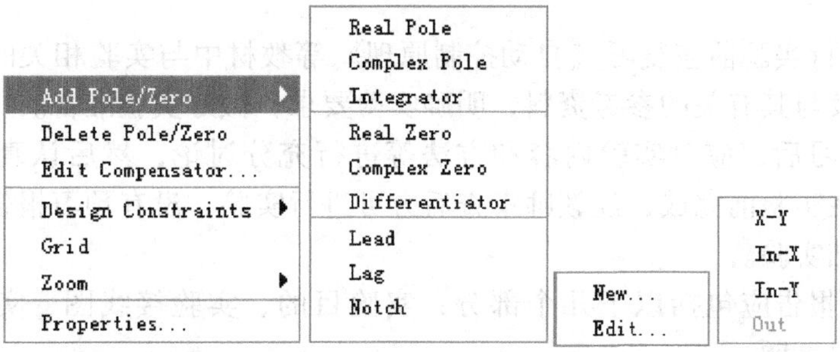

a)　b)　c)　d)

图 5-25　根轨迹图菜单编辑窗口

第6章　实验单元

6.1　实验要求

6.1.1　实验预习要求

1）学生在进行实验前应复习《自动控制原理》等教材中与实验相关的理论知识，认真阅读实验指导书及与其有关的参考资料，明确实验要求，做好实验准备。

2）在实验预习后，应对实验内容和方法等进行充分讨论，然后认真填写实验预习报告。预习报告应在实验前完成，经教师审查后方可进行实验，没有预习报告或预习不符合要求的同学不能参加实验。

3）实验预习报告应包括以下几个部分：实验目的、实验接线图、实验步骤、注意事项、预习要求、思考题。

此外，预习报告中应设计好记录表格，以备实验时记录数据使用（记录表格的格式可参考实验指导书）。预习报告应独立完成。

6.1.2　实验注意事项

1）学生应按时到达实验室。在指导教师宣布开始实验后，按要求布置设备、接线。凡在某一项实验中暂时不用的设备、仪表应整理好放在一边，以免用错而发生意外。书包和衣物等不能放在实验台或仪器设备上。

2）接线需整齐、清楚，力求简单，避免交叉。导线的长短、粗细选择应适当。一个接线柱上最多接两根线，以免导线松脱。线路布置（仪器摆放，接线等）应文明安全便于检查和操作。仪表放置应便于准确读数。

3）如接线完毕，组内应互相认真检查，且每个成员对全部线路都应掌握。实验中不用的导线应整理好放回原处。然后请指导教师检查，未经教师检查和同意不得进行实验。

4）打开总电源前，要检查有关的设备、仪器或仪表等各调节量（调压器、变阻器等）是否在适当的位置。在调节负载或改变电阻、电压、转速等量时，必须考虑到其他量的变化关系，随时注意其他量是否超过额定值，全组同学应明确分工、统一指挥，以免发生因配合不当而使设备过载或损坏的事故。

5）原始记录应包括实验日期及实验数据（包括实验保持条件等）。记录数据要清晰，应避免涂改。对所作记录应随时检查，以免事后返工。实验内容完成后，组内应先检查所记录的数据，确信合理后再将原始记录送交教师审查，教师认可后方可拆线。学生应将拆下的导线万用表插头等整理好并放归原处，并请教师在记录上签字，签字后的原始记录不得再随意涂改。

6）在操作过程中，如果发生故障，应首先停止实验，然后在教师的帮助下，学习判断并分析故障原因和排除方法。如果发生事故，当事人要按时交出事故报告，以便实验室查明情况酌情处理。

7）实验中应注意安全：

① 实验时禁止身体接触有电线路的裸露部分和设备的转动部分，以免发生人身伤害事故。

② 接线时，先接其他线，最后接电源线；拆线时，须先切断电源；严禁带电改接线。通电前须通知全组成员，调节时不应过猛。

③ 机器运转后，小组成员不得远离机器。一量发生事故，应立即切断电源，保持除电源刀开关外的一切现场，并报告指导教师处理，不得擅自拆修仪器设备。

6.1.3 实验报告要求

1）实验报告应按实验指导书的要求根据原始记录做出，于规定时间内交到指导教师处。

2）要独立写出严谨、有理论分析、实事求是、文理通顺、字迹端正、图表清楚的实验报告。数据真实、准确，结论明确。报告要有经指导教师签字后的原始记录。

3）实验报告应包括以下几个部分：

① 封面（包括实验名称、班级、姓名、学号、同组同学姓名、实验日期）。

② 实验目的。

③ 实验内容及原理线路图。

④ 数据处理。

⑤ 实验总结：对实验结果和实验中的现象进行简单分析并作出结论或评价，分析应着重于物理概念的探讨，也可以利用数学公式、向量图、曲线等帮助说明问题；对本小组和本人在实验全过程中的经验、教训、体会、收获等进行必要的小结。

⑥ 提出对改进实验内容、安排、方法、设备等的建议或具体设想。

4）对数据处理的具体要求：

① 将原始记录中要用到的数据整理后列表，并写明其实验条件；需要计算的加以计算后列入表中，同时说明所用的计算并以其中一点数据代入来说明计算过程。

② 计算参数或分析性能时，要先列出公式，然后代入数字，直接写出计算或分析结果。

③ 对绘制曲线的要求：

● 绘制曲线可选用坐标纸。使用时曲线的位置、大小应适中，不要太小且偏于一方。需要比较的各条曲线应画在同一坐标纸上。

● 各坐标轴应标明代表物理量的名称和单位，所用比例尺应方便作图和读数。

● 实验测取的点应标明在坐标纸上，但必须光滑连接。不允许连成折线，各曲线应注明其函数关系。

● 多条曲线画在同一图中时，不同曲线及其实验所得的点可用不同的线段及符号来表示。

6.2 MATLAB 程序设计实验

学习程序设计，上机实验是十分重要的环节，通过有针对性的上机实验，可以更好地熟悉 MATLAB 的功能，掌握 MATLAB 的程序设计方法，并培养一定的应用开发能力。程序设计和应用开发能力的提高需要不断地上机实践和长期的积累，在上机过程中碰到各种各样的问题，分析问题和解决问题的过程就是经验积累的过程。为了达到理想的实验效果，务必做到：

1）实验前认真准备，要根据实验目的和实验内容，复习好实验中可能要用到的命令，想好编程思路，做到胸有成竹，提高上机效率。

2）实验过程中积极思考，要深入分析命令、程序的执行结果以及各种屏幕信息的含义、出现的原因并提出解决办法。

3）实验后认真总结，在本次实验中有哪些收获，存在哪些问题，并写出实验报告。实验报告应包括实验目的、实验内容、流程图、程序命令或程序清单、运行结果以及实验的收获与体会等内容。

实验一　MATLAB 运算基础

1. 实验目的

1）熟悉启动和退出 MATLAB 的方法。

2）熟悉 MATLAB 命令窗口的组成。

3）掌握建立矩阵的方法。

4）掌握 MATLAB 各种表达式的书写规范以及常用函数的使用。

2. 实验内容

求出下列表达式的值：

1）$z1 = \dfrac{2\sin 85^\circ}{1+e^2}$

2）$z2 = \dfrac{1}{2}\ln(a+\sqrt{b+a^2})$，其中 $a = \begin{bmatrix} 2 & 1+2i \\ -0.45 & 5 \end{bmatrix}$，$b = \begin{bmatrix} 1 & 1 \\ 1 & 1 \end{bmatrix}$。

3）已知 $a = \begin{pmatrix} 12 & 34 & -4 \\ 34 & 7 & 87 \\ 3 & 65 & 7 \end{pmatrix}$　$b = \begin{pmatrix} 1 & 3 & -1 \\ 2 & 0 & 3 \\ 3 & -2 & 7 \end{pmatrix}$，求下列表达式的值。

a+6*b, a*b, a.*b, a^3, a.^3, a/b, b\a, [a, b], [a([1, 3],:); b^2]

4）设有矩阵 ***A*** 和 ***B***，

$$\boldsymbol{A} = \begin{pmatrix} 1 & 2 & 3 & 4 & 5 \\ 6 & 7 & 8 & 9 & 10 \\ 11 & 12 & 13 & 14 & 15 \\ 16 & 17 & 18 & 19 & 20 \\ 21 & 22 & 23 & 24 & 25 \end{pmatrix}, \quad \boldsymbol{B} = \begin{pmatrix} 3 & 0 & 16 \\ 17 & -6 & 9 \\ 0 & 23 & -4 \\ 9 & 7 & 0 \\ 4 & 13 & 11 \end{pmatrix}$$

求它们的乘积 ***C***；将矩阵 ***C*** 的右下角 3×2 矩阵赋值给 ***D***；查看 MATLAB 工作空间的使

用情况。

3. 实验报告要求

1）实验报告应包括实验目的、实验内容、流程图、程序命令或程序清单、运行结果以及实验的收获与体会等内容。

2）MATLAB 中的分号、冒号、逗号各有哪些作用。

3）点乘与乘的区别，举例说明。

4. 实验仪器及设备

计算机一台。

实验二 MATLAB 数值运算

1. 实验目的

掌握 MATLAB 的数值运算及其运算中所用到的函数。

2. 实验内容

1）多项式运算。

2）数值微积分。

3. 实验步骤

1）多项式运算：多项式 $2s^2+3s+9$ 与多项式 $s^4+3s^3-5s^2+4s+7$ 相加。

① 多项式的加减法相当于向量的加减法；

② 多项式的乘、除法分别用函数 conv 和 deconv 实现；

③ 多项式求根用函数 roots；

④ 多项式求值用函数 polyval。

```
>> S1 = [2 4 1 -3]
>> polyval (S1, 3)
>> x=1: 10
>> y=polyval (S1, x)
```

2）数值微积分：

① 差分使用 diff 函数实现

```
>>x=1: 2: 9
>>diff (x)
```

② 可以用因变量和自变量差分的结果相除得到数值微分

```
>>x=linspace (0, 2*pi, 100);
>>y=sin (x);
>>plot (x, y)
>>pause
>>y1=diff (y) ./diff (x);
>>plot (x (1: end-1), y1)
```

③ cumsum 函数求累计积分，trapz 函数用梯形法求定积分，即曲线的面积

```
>>x=ones (1, 10)
>> cumsum (x)
```

```
>> x = linspace (0, pi, 100);
>> y = sin (x);
>> S = trapz (x, y)
```

4. 实验报告

1）写出实验内容语句的注释及运算结果。

2）写出实验体会。

5. 实验仪器及设备

计算机一台。

实验三 MATLAB 程序设计

1. 实验目的

掌握 MATLAB 程序设计的主要方法，熟练编写 MATLAB 函数。

2. 实验内容

1）M 文件的编辑。

2）程序流程控制结构。

3）子函数调用和参数传递。

3. 实验步骤

1）试计算以下循环语句操作的步数。

① for i = -1000：1000

② for j = 1：2：20

2）用 $\pi/4 \approx 1 - 1/3 + 1/5 - 1/7 + \cdots$ 公式求 π 的近似值，直到最后一项的绝对值小于 10^{-6} 为止，试编写其 M 文件并运行，写出实际运行结果。

3）试用 switch 语句完成卷面成绩 score 的转换：

① score≥90 分，优；

② 80≤score<90 分，良；

③ 70≤score<80 分，中；

④ 60≤score<70 分，及格；

⑤ score<60 分，不及格。

4. 实验报告

1）预习报告要求编写该实验内容的源程序。

2）实验报告要求有源程序及其运行结果。

3）写出实验体会。

5. 实验仪器及设备

计算机一台。

实验四 循环结构程序设计

1. 实验目的

1）掌握利用 for 语句实现循环结构的方法。

2）掌握利用 while 语句实现循环结构的方法。

3）熟悉利用向量运算来代替循环操作的方法。

2. 实验内容

1）根据 $\frac{\pi^2}{6} = \frac{1}{1^2} + \frac{1}{2^2} + \frac{1}{3^2} + \cdots + \frac{1}{n^2}$，求 π 的近似值。当 $n = 100$、1000、10000 时，结果是多少？

2）根据 $y = 1 + \frac{1}{3} + \frac{1}{5} + \cdots + \frac{1}{2n+1}$，求：

① $y < 3$ 时的最大 n 值；

② 当 $n = 100$、1000 时，与之对应的 y 值。

3）用 for 循环和 while 循环语句求 1！+2！+…+10！的值。

3. 实验预习要求

根据实验内容，编写源程序。

4. 实验报告

1）给出程序运行流程图。

2）根据流程图写出程序。

5. 实验仪器及设备

计算机一台。

实验五 MATLAB 数据可视化

1. 实验目的

掌握 MATLAB 二维、三维图形的绘制；掌握图形属性的设置和图形修饰；掌握图像文件的读取和显示。

2. 实验内容

1）二维图形的绘制。

2）三维曲线和三维曲面的绘制。

3. 实验步骤

（1）二维图形的绘制

1）绘制二维图形主要使用函数 plot。

```
>> clear all;
>> x = linspace (0, 2 * pi, 100);    y1 = sin (x);    plot (x, y)
>> hold on ; y2 = cos (x) ; plot (x, y) ; hold off
>> close all
>> x = linspace (0, 2 * pi, 100);    y1 = sin (x);
>> y2 = cos (x);   A = [y1 ; y2]';    B = [x ; x]'  plot (B, A)
```

提示：按照以下的步骤进行：

① 产生曲线的数据（共有两组数据）；

② 选择合适的线形、标记、颜色（正弦曲线为红色，余弦曲线为紫色）；

③ 添加图例、文字说明信息、坐标轴说明与图标题；

④ 修改坐标轴范围（横坐标及纵坐标相等，横坐标［0～pi］，纵坐标［0～1.5］）。

2）熟悉子图和特殊图形绘制。

使用 subplot 子图函数，分别画出以下函数的图形。

① $y = e^{-t}$，用 bar 函数绘制；

② $y = \sin t$，用 stem 函数绘制；

③ $y = t^2 + 1$，用 stairs 函数绘制；

④ $y = |\cos(2t)|$，用 polar 函数绘制。

（2）三维曲线和三维曲面的绘制

1） 绘制三维曲线使用 plot3 函数。例如，绘制一条空间螺旋线，程序如下：

```
>>z=0：0.1：6*pi；x=cos（z）；y=sin（z）；plot3（x，y，z）；
```

练习：利用子图函数，绘制以上空间螺旋线的俯视图、左侧视图和前视图。

2）三维曲面图的绘制：

MATLAB 绘制网线图和网面图的函数分别是 mesh（ ）和 surf（ ），

其具体操作步骤是：

① 用函数 meshgrid（ ）生成平面网格点矩阵［X，Y］；

② 由［X，Y］计算函数数值矩阵 Z；

③ 用 mesh（ ）绘制网线图，用 surf（ ）绘制网面图。绘制椭圆抛物面程序如下：

```
>>clear all，close all；x=-4：0.2：4；
>>y=x；   ［X，Y］=meshgrid（x，y）；
>>Z=X.^2/9+Y.^2/9；mesh（X，Y，Z）；
>>title（'椭圆抛物面网线图'）%（见图 6-1）
>>figure（2）；surf（X，Y，Z）；
>>title（'椭圆抛物面网面图'）%（见图 6-2）
```

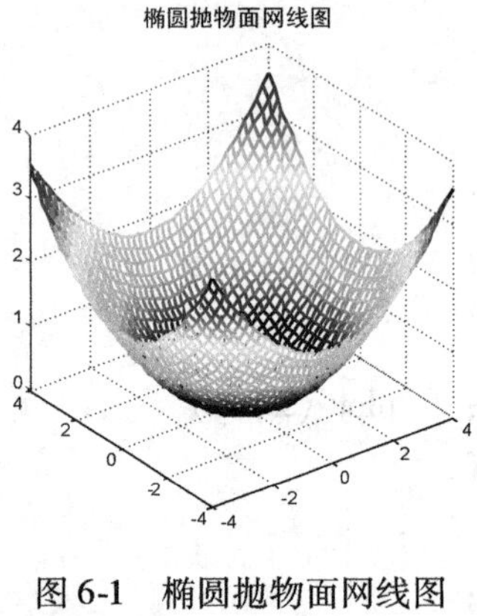

图 6-1 椭圆抛物面网线图

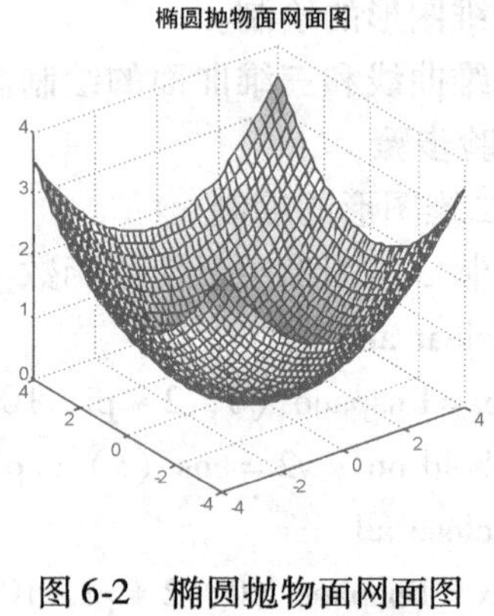

图 6-2 椭圆抛物面网面图

练习：设 $z = x^2 e^{-(x^2+y^2)}$，求定义域 $x = [-2, 2]$，$y = [-2, 2]$ 内的 z 值（网格取 0.1）。请把 z 的值用网线图形象地表示出来。

4. 实验预习要求

掌握 MATLAB 有关图像可视化的一些命令。

5. 实验报告要求

写出所画图形的命令行，画出二维图形；并画出三维图形的轮廓。

6. 实验仪器及设备

计算机一台。

实验六 Simulink 的应用

1. 实验目的

1）熟悉 Simulink 的操作环境。

2）熟悉使用 Simulink 基本库以及电气系统模块库的模块构建系统模型的方法。

3）掌握 Simulink 中子系统模块的建立与封装技术。

4）能将简单系统所给出的数学模型转化为系统仿真模型并进行仿真分析。

2. 实验内容

1）在图 6-3 所示的电路中，$U_S=16V$，$R_1=R_3=R_4=1\Omega$，$R_2=2\Omega$，$I_S=1A$，$K=4$，用编程方法求取当$\begin{cases}S_1=1\\S_2=0\end{cases}$，$\begin{cases}S_1=0\\S_2=1\end{cases}$和$\begin{cases}S_1=1\\S_2=1\end{cases}$时（1 表示闭合，0 表示断开），电路中 U_1、U_2 和 I_2 的稳态值。

在 Simulink 的 Powersys 中搭建图 6-3 所示电路进行仿真，测量各点的电流值。

2）在图 6-4 所示的正弦电路中，$U_{S1}=10\sin(314t)$，$U_{S2}=10\cos(314t)$

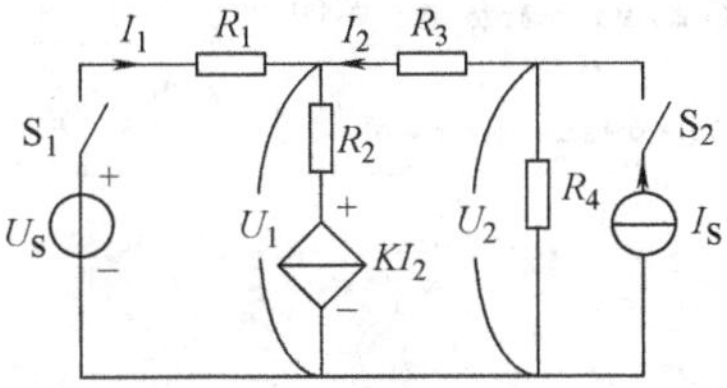

图 6-3 电路图 1

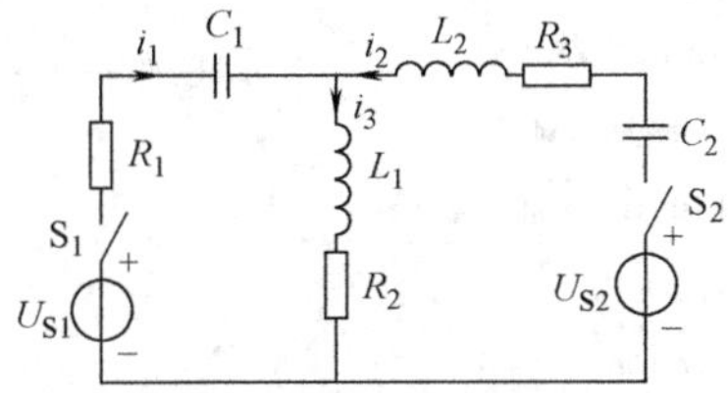

图 6-4 电路图 2

用编程法求取当$\begin{cases}S_1=1\\S_2=0\end{cases}$、$\begin{cases}S_1=0\\S_2=1\end{cases}$和$\begin{cases}S_1=1\\S_2=1\end{cases}$时（1 表示闭合，0 表示断开），电路中各点电流的稳态值。

在 Simulink 的 Powersys 中搭建图 6-4 所示电路进行仿真，观察各点的电流波形。

开始仿真时，$S_1=1$，$S_2=0$，观察各点电流波形；当仿真进行一段时间时，改变开关状态使 $S_1=1$，$S_2=1$，观察各点电流波形。

3）已知图 6-5 所示电路，图中 $u_S(t)$ 为输入，$u_C(t)$ 为输出；建立该电路的 Simulink 仿真模型，并求解当 $R=30\Omega$，$L=1H$，$C=100\mu F$ 时的单位阶跃响应。

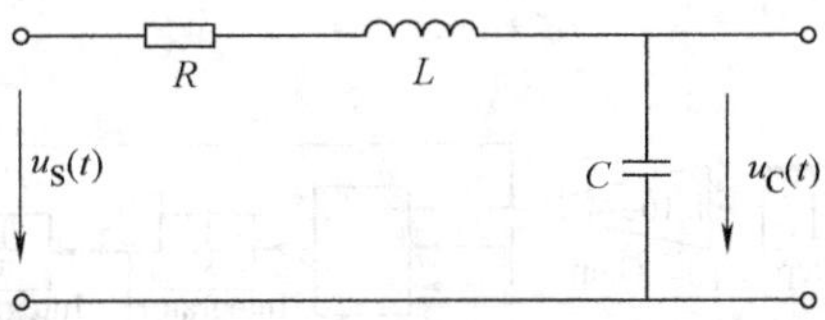

图 6-5 电路图 3

3. 实验步骤

1）根据图 6-3 及图 6-4 内容，按照要求进行编程求解。

2）根据图 6-3 及图 6-4 内容，使用 Simulink 的 Powersys 中的模块搭建结构图，进行仿真，与 1）的结果进行对比。

3）根据图 6-5 所示电路，建立系统的数学模型。

描述该电路的微分方程为 $\dfrac{d^2u_C(t)}{dt^2}+\dfrac{R}{L}\dfrac{du_C(t)}{dt}+\dfrac{1}{LC}u_C(t)=\dfrac{1}{LC}u_S(t)$，根据电路的数学描述，用 Simulink 框图搭建系统模型，如图 6-6 所示。

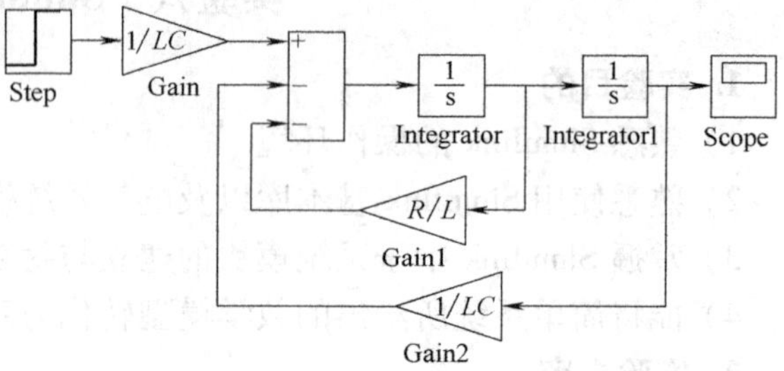

图 6-6 系统模型框图

将电阻、电容及电感的参数代入图中标识的位置，用示波器查看结果并画图。

单击示波器窗口的工具栏上的按钮，打开示波器的参数设置窗口，如图 6-7 所示。单击“Data history”标签，显示数据历史修改窗口如图 6-8 所示，选中“Save data to workspace”选项，更改变量名并置数据格式为“Array”，此时输出结果以数据的形式存放在指定的变量中，该变量是二维矩阵，第一列为时间轴的数据，第二列为系统输出值；使用 plot 函数画出图形。

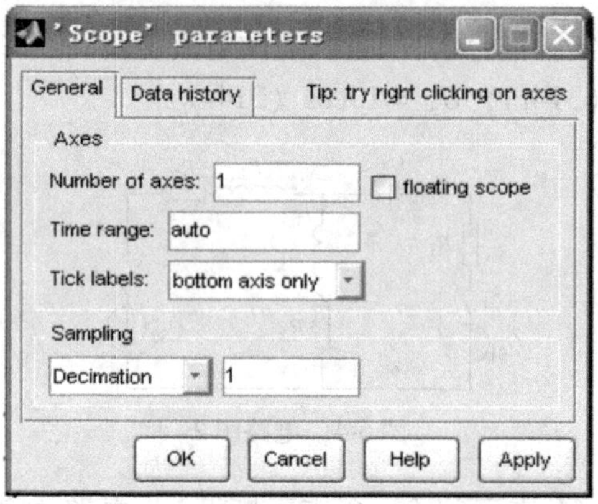

图 6-7 示波器参数设置窗口

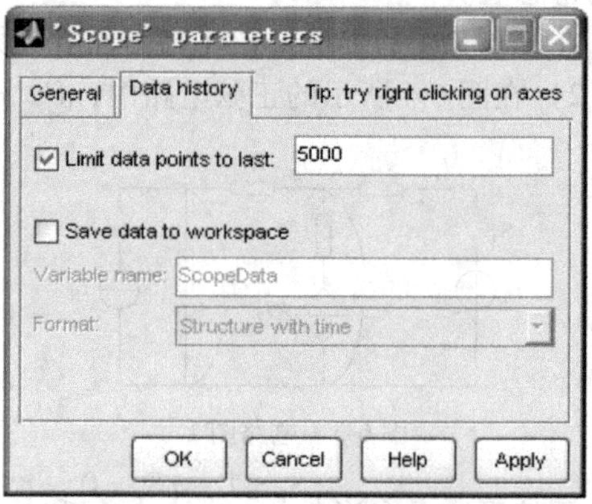

图 6-8 数据历史修改窗口

在输出端将示波器更换为一个输出模块，系统模型如图 6-9 所示。更改“To Workspace”模块的参数，双击该模块弹出一个窗口，如图 6-10 所示。修改“Variable name”和“Save format”两个参数即可，使用 plot 函数画出图形。

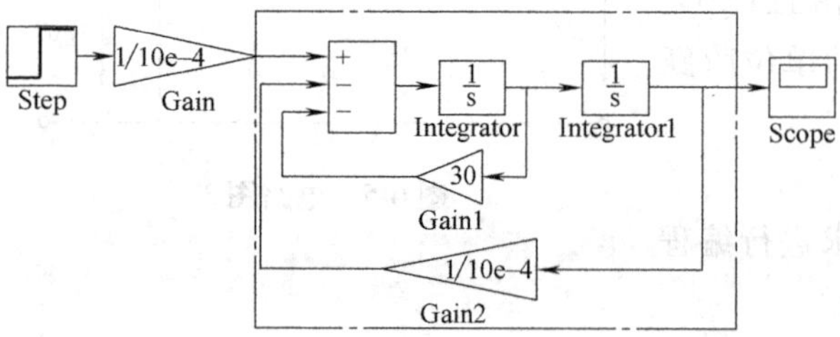

图 6-9 更换后的系统模型

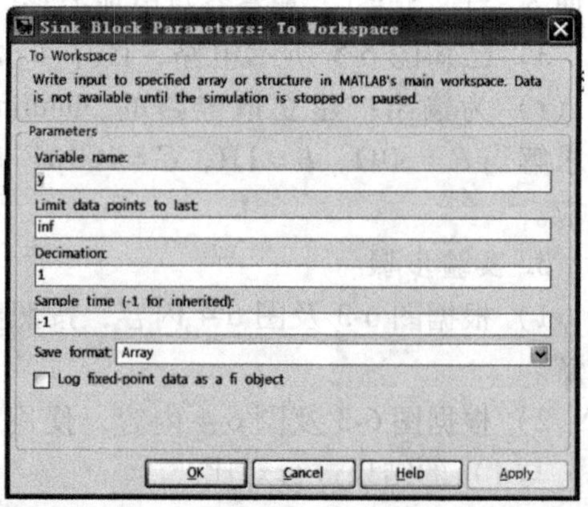

图 6-10 修改“To Workspace”模块参数窗口

利用 Simulink 提供的将多个模块组合起来形成新功能模块的功能，将图 6-9 所示的点画线框内的模块用两种方法组合成子系统，用示波器查看结果并画图。

4. 实验预习要求

1）复习有关 MATLAB 语言以及 Simulink 软件包的相关知识。

2）对于需要编程部分，给出程序运行流程图，并写出程序。

3）根据相关理论知识，分析电路各点的波形情况。

4）自学 Simulink 软件包中的有关电力电子（Simpower）模块库的模块的一些用法。

5. 实验报告

画出实验框图，写出相应的实验步骤，比较输出结果。

6. 实验仪器及设备

计算机一台。

6.3 控制理论基础实验

实验一 典型线性环节的模拟研究

1. 实验目的

1）熟悉控制原理模拟机的使用方法。

2）掌握各种典型环节模拟电路的构成方法、传递函数表达式及输出时域函数表达式。

3）观察和记录各种典型环节在阶跃输入作用下的输出响应，分析电路参数变化对典型环节动态特性的影响。

2. 实验内容

1）求取比例环节当 $K=0.5$、$K=2$ 时的阶跃响应。

2）求取积分环节当 $T=0.1\text{s}$、$T=0.47\text{s}$ 时的阶跃响应。

3）求取惯性环节当 $K=1$、$T=0.1\text{s}$，$K=1$、$T=0.25\text{s}$ 时的阶跃响应。

4）求取比例积分环节当 $K=1$、$T=4.7\text{s}$，$K=0.5$、$T=4.7\text{s}$ 时的阶跃响应。

3. 实验原理

对于任何一个复杂的系统或部件的传递函数，都不难利用上述几种典型环节组成。其步骤为首先建立部件的传递函数，明确它们在整个系统框图中信号的连接，并按框图变换方法将其传递函数逐步综合，或利用信号流图简化，最后便可利用环节的综合方法得到整个系统的模型，包括复杂的控制器和被控对象等。

4. 实验电路

（1）比例（P）环节　传递函数为

$$G(s) = K = \frac{R_f}{R_i}$$

当输入阶跃信号，即 $U_i(t)=1(t)$ 时，$U_i(s)=\frac{1}{s}$，则 $U_o(s)=\frac{R_f}{R_i}\frac{1}{s}=K\frac{1}{s}$，所以输出响应为 $U_o(t)=K$。系统框图、模拟电路图及输出波形图如图 6-11 所示。

（2）积分（I）环节　传递函数为

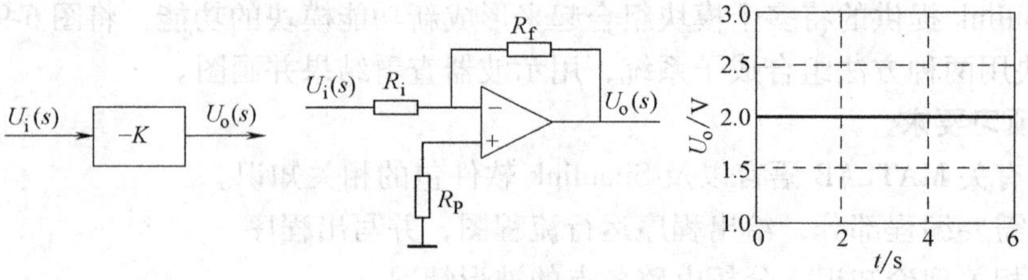

a) 框图　　b) 模拟电路图　　c) 输出波形图

图 6-11　系统框图、模拟电路图及输出波形图

$$G(s) = \frac{1}{Ts}$$

其中，$T = RC$。

当输入阶跃信号，即 $U_i(t) = 1(t)$ 时，$U_i(s) = \frac{1}{s}$ 则 $U_o(s) = \frac{1}{Ts}\frac{1}{s} = \frac{1}{Ts^2}$，所以输出响应为 $U_o(t) = \frac{1}{T}t$。系统框图、模拟电路图及输出波形图如图 6-12 所示。

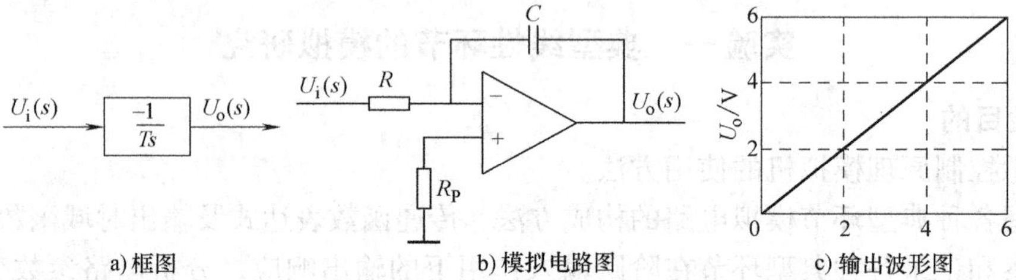

a) 框图　　b) 模拟电路图　　c) 输出波形图

图 6-12　系统框图、模拟电路图及输出波形图

（3）惯性（T）环节　传递函数为

$$G(s) = \frac{K}{Ts + 1}$$

其中，$K = \frac{R_f}{R_i}$；$T = R_f C$。

当输入阶跃信号，即 $U_i(t) = 1(t)$ 时，$U_i(s) = \frac{1}{s}$ 则 $U_o(s) = \frac{K}{Ts + 1}\frac{1}{s}$，所以输出响应为 $U_o(t) = K(1 - e^{-\frac{1}{T}t})$。系统框图、模拟电路图及输出波形图如图 6-13 所示。

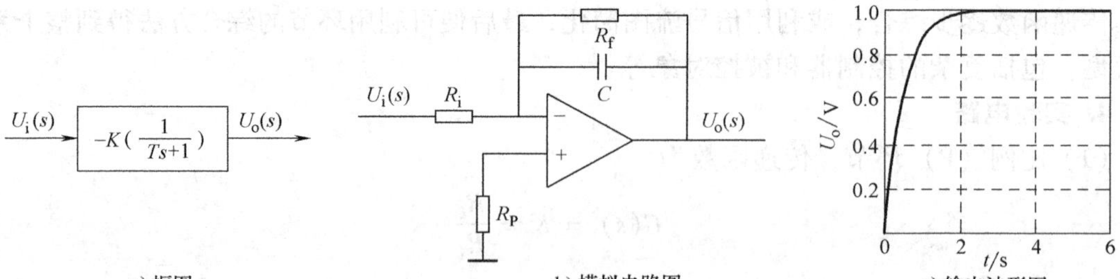

a) 框图　　b) 模拟电路图　　c) 输出波形图

图 6-13　系统框图、模拟电路图及输出波形图

（4）比例积分（PI）环节　传递函数为

$$G(s) = K + \frac{1}{Ts}$$

其中，$K = \frac{R_f}{R_i}$；$T = R_f C$。

当输入阶跃信号，即 $U_i(t) = 1(t)$ 时，$U_i(s) = \frac{1}{s}$，则 $U_o(s) = \left(K + \frac{1}{Ts}\right)\frac{1}{s}$，所以输出响应为 $U_o(t) = K + \frac{1}{T}t$。系统框图、模拟电路图及输出波形图如图6-14所示。

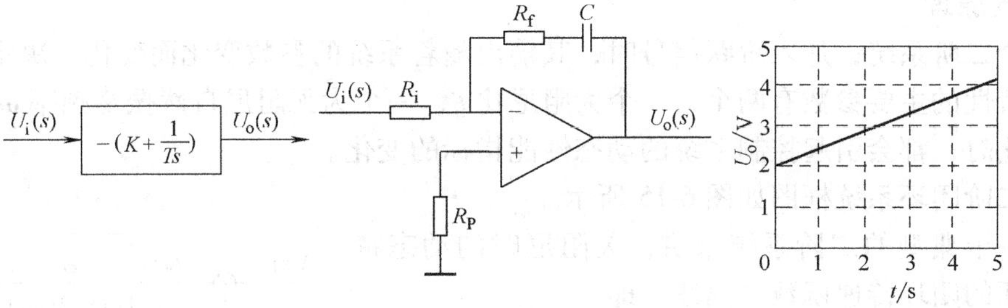

a) 框图　　b) 模拟电路图　　c) 输出波形图

图6-14 系统框图、模拟电路图及输出波形图

5. 实验预习要求

1）认真阅读附录的内容，了解实验使用仪器及软件使用方法。

2）复习典型环节及其传递函数的概念，掌握时域分析方法。

3）实验前选定两组典型环节模拟电路元件（电阻、电容）参数，并推导环节。

6. 实验思考题

1）惯性环节的时间常数 T 反映了该环节的什么动态特性？

2）系统的平稳性、快速性和准确性的性能指标是什么？

3）积分环节和惯性环节的主要差别是什么？在什么条件下，惯性环节可以近似地视为积分环节？而又在什么条件下，惯性环节可以近似地视为比例环节？

4）在积分环节和惯性环节实验中，如何根据单位阶跃响应曲线的波形，确定积分环节和惯性环节的时间常数？

7. 实验报告要求

1）将各环节的阶跃响应曲线画在报告上，标明输入信号的幅值、输出响应曲线的时间和幅值信息，说明阶跃响应曲线的特点，分析参数变化对响应曲线的影响。

2）对于惯性环节，从阶跃响应曲线上分别求出时间常数 T，并与理论值作比较。

8. 实验设备

1）计算机一台。

2）自动控制原理实验箱一套。

3）万用表一块。

4）连接导线若干。

实验二　二阶系统的瞬态响应和稳定性研究

1. 实验目的

1）了解和掌握典型二阶系统模拟电路的构成方法及二阶闭环系统的传递函数标准式。

2）掌握欠阻尼二阶闭环系统的动态性能指标的计算方法。

3）学习瞬态性能指标的测试技术及二阶系统阶跃响应曲线的实验测试方法。

4）研究二阶系统的两个重要参数 ξ 和 T 对系统动态品质的影响。

2. 实验内容

1）改变系统的阻尼系数 ξ 分别为 0.1、0.7、1，观察过渡过程曲线的变化情况。

2）改变系统的时间常数 T 分别为 0.47、1、4.7，观察过渡过程曲线的变化情况。

3. 实验原理

对一个二阶系统，加入阶跃信号时，其输出随着系统的参数变化而变化。决定一个二阶系统动态特性的主要参数有两个，一个为阻尼比 ξ，一个为无阻尼自然振荡频率 ω_n，当这两个参数变化时，都会引起控制系统的动态性能指标的变化。

典型二阶闭环系统框图如图 6-15 所示。

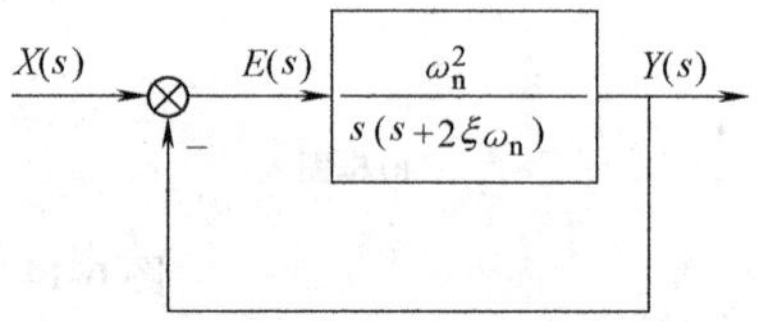

图 6-15　典型二阶闭环系统框图

对于一个典型的二阶系统来讲，欠阻尼时的动态特性可用下面的闭环传递函数来描述，即

$$M(s) = \frac{1}{T^2s^2 + 2T\xi s + 1} = \frac{\omega_n^2}{s^2 + 2\xi\omega_n s + \omega_n^2}$$

其中，T 为时间常数；$\omega_n = \dfrac{1}{T}$；ξ 为阻尼比，当 $0 < \xi < 1$ 时为欠阻尼状态。

4. 实验电路

实验系统框图如图 6-16 所示。

二阶系统的模拟电路图如图 6-17 所示，按照所给出的 XMN-2 型自动控制原理学习机的面板图，接好线路。

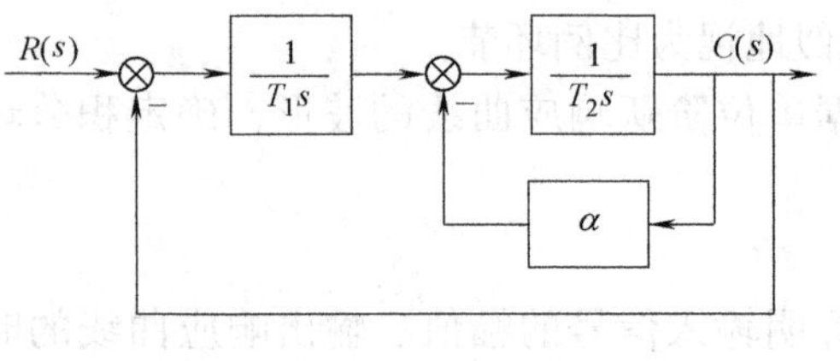

图 6-16　实验系统框图

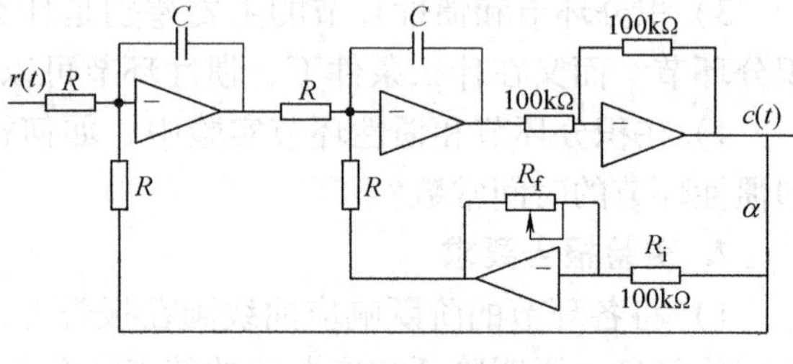

图 6-17　实验系统模拟电路图

5. 实验预习要求

1）复习二阶系统的动态特性、超调量 $\sigma\%$ 、峰值时间 t_p 及过渡过程时间 t_s 的定义。

2）按照所给线路要求求出二阶系统的传递函数。

3）按照所给元件参数算出不同 ξ 下的性能指标 $\sigma\%$ 、t_s 的理论值。

4）画出系统模拟电路图，并标出电阻、电容的取值。

6. 实验步骤

1）使用电路仿真软件按图 6-17 所示的系统模拟电路将其接好。

2）改变系统的阻尼系数 $\xi = 0.2$、0.7、1，此时的时间常数 $T = 1$，观察并记录输出波形，将所测参数记录于表 6-1 内。

3）改变系统的时间常数 $T=0.47$、4.7，此时的阻尼系数 $\xi=0.7$，观察并记录输出波形，将所测参数记录于表6-1内。

7. 实验数据表（见表6-1）

表6-1　实验数据表

$T=1$			$T=0.47$	$T=4.7$
$R_f=$	$R_f=$	$R_f=$	$R=$ $C=$	$R=$ $C=$
$\xi=0.2$	$\xi=0.7$	$\xi=1$	$\xi=0.7$	
理论值： $t_p=$ $\sigma\%=$ $t_s=$	理论值： $t_p=$ $\sigma\%=$ $t_s=$	理论值： $t_p=$ $\sigma\%=$ $t_s=$	理论值： $t_p=$ $\sigma\%=$ $t_s=$	理论值： $t_p=$ $\sigma\%=$ $t_s=$
实际值： $t_p=$ $\sigma\%=$ $t_s=$	实际值： $t_p=$ $\sigma\%=$ $t_s=$	实际值： $t_p=$ $\sigma\%=$ $t_s=$	实际值： $t_p=$ $\sigma\%=$ $t_s=$	实际值： $t_p=$ $\sigma\%=$ $t_s=$

8. 实验报告要求

1）推导二阶系统模拟电路的闭环传递函数，并确定 ω_n、ξ 和 R、C 的关系，分析 ξ 的影响。

2）画出各种情况下的系统阶跃响应曲线。

3）填写实验数据表格。要有准确的实验记录（包括测量参数）与理论值，并进行比较。

4）对实验中出现的问题和现象要有准确的描述和分析。写出本实验的体会及建议。

5）回答实验思考题。

9. 实验思考题

1）如何判断二阶系统模拟电路图的反馈极性？

2）在电子模拟系统中，如何实现负反馈？如何实现单位负反馈？

3）通过对二阶系统的动态响应分析，说明二阶系统参数变化与性能之间的关系。

4）如果阶跃输入信号的幅值过大，则会在实验中产生什么后果？

10. 实验设备

1）计算机一台。

2）自动控制原理实验箱一套。

3）万用表一块。

4）连接导线若干。

实验三　控制系统的稳定性分析

1. 实验目的

1）了解和掌握典型三阶系统模拟电路的构成方法及Ⅰ型三阶闭环系统的传递函数标准

式。

2）了解和掌握求解高阶闭环系统临界稳定增益 K 的多种方法。

3）了解利用主导极点估算系统的性能指标的方法，并用实验进行验证。

4）研究系统参数变化时，三阶系统的开环放大系数对稳定性的影响。

2. 实验内容

（1）求解高阶闭环系统的临界稳定增益 K　典型Ⅰ型三阶单位反馈闭环系统的结构图如图 6-18 所示：

Ⅰ型三阶系统的开环传递函数为

$$G(s) = \frac{K}{T_0 s(T_1 s+1)(T_2 s+1)}$$

其中，K 为开环增益。

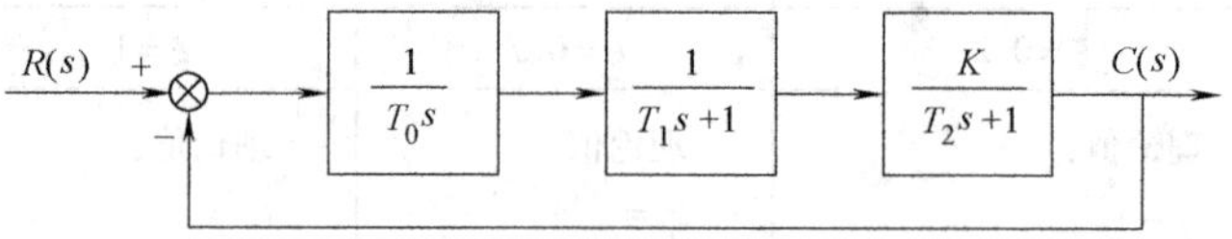

图 6-18　单位反馈闭环系统的结构图

用劳斯判据确定系统稳定的开环放大系数 K 的范围，并确定系统临界稳定时电阻 R 的范围值。

（2）分析系统的开环增益对稳定性的影响　观察系统稳定与不稳定现象：当电阻 R 分别处于以下三种情况时，记录系统稳定时的阶跃响应曲线。

电阻 R 小于临界稳定值，观察并记录系统稳定时的阶跃响应曲线。

电阻 R 等于临界稳定值，观察并记录系统稳定时的阶跃响应曲线。

电阻 R 大于临界稳定值，观察并记录系统稳定时的阶跃响应曲线。

（3）利用主导极点估算系统的性能指标　根据高阶系统的主导极点的概念，该系统具有一对共轭复数主导极点，因此，原三阶闭环系统可近似为二阶闭环系统，求出该系统的单位阶跃输出响应曲线。

3. 实验电路

（1）三阶系统的模拟电路图　三阶系统的模拟电路图如图 6-19 所示。

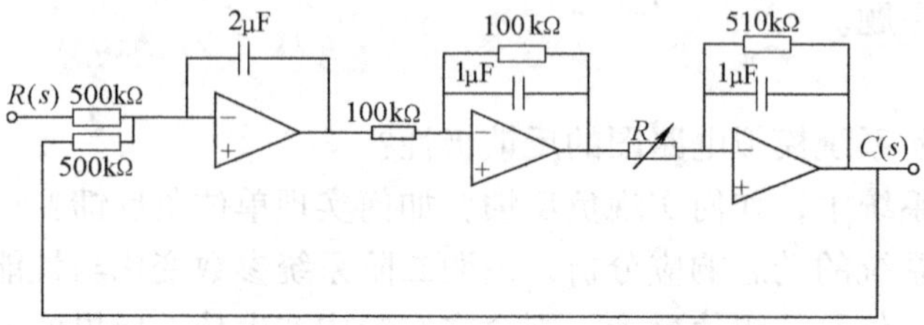

图 6-19　三阶系统的模拟电路图

该模拟电路的开环传递函数为

$$G(s) = \frac{K}{s(0.1s+1)(0.5s+1)} = \frac{K}{0.05s^3+0.6s^2+s}$$

则其闭环传递函数为

$$G(s) = \frac{K}{s(0.1s+1)(0.5s+1)+K} = \frac{K}{0.05s^3+0.6s^2+s+K}$$

（2）等效于二阶系统的模拟电路图　等效于二阶系统的模拟电路图如图 6-20 所示。

当 $K=5$，$K=20$ 时，三阶开环传递函数为

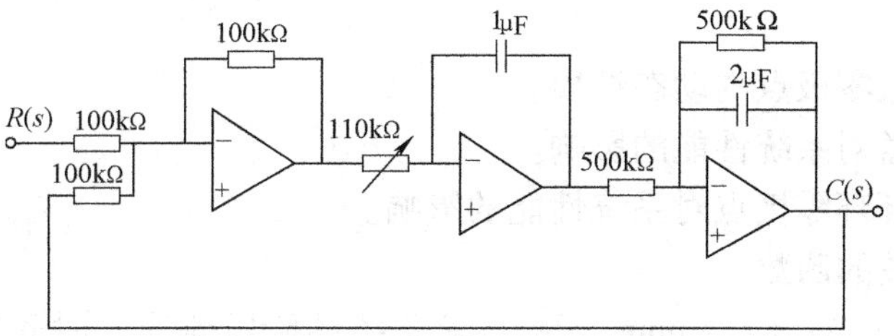

图6-20 等效于二阶系统的模拟电路图

$$G(s)=\frac{100}{(s+11)(s+0.5+3j)(s+0.5-3j)}$$

其阶跃响应的动态指标为$\sigma\%=57\%$，$\xi=0.165$，$\omega_n=3.01$，等效于二阶闭环系统的开环传递函数为

$$G(s)=\frac{1}{0.11s(s+1)}$$

4. 实验数据表（见表6-2）

表6-2 实验数据表

R/kΩ	K	输出波形	$\sigma\%$	稳定性分析

5. 实验报告要求

1）分析系统稳定条件，确定系统临界稳定时的电阻R的值，与实验数据进行比较。

2）记录系统稳定、临界稳定、不稳定时的输出曲线。

3）分析并记录等效后的二阶闭环系统的阶跃响应曲线以及动态指标。

4）分析三阶系统中开环增益对系统稳定性的影响。

5）写出本实验的体会及建议。

6. 实验思考题

1）开环放大系数对系统的性能有何影响？

2）系统稳定条件与实验测试结果有没有区别？为什么？请用理论进行分析。

3）如何观察三阶系统的发散振荡响应曲线？并分析最后出现等幅振荡的原因。

4）三阶系统稳定时，写出各环节放大倍数、时间常数的关系表达式。

7. 实验设备

1）计算机一台。

2）自动控制原理实验箱一套。

3）连接导线若干。

4）万用表一块。

实验四 开环增益与零极点对系统性能的影响

1. 实验目的

1）能够使用MATLAB语言编写简单的程序，并能通过此软件来分析控制系统的动态性能。

2）理解传递函数零极点的动态性质。

3）研究开环增益对系统性能的影响。

4）研究闭环、开环零极点对系统性能的影响。

2. MATLAB 相关的函数

1）step（num，den）：给定 num，den，求系统的阶跃响应，时间向量 t 的范围自动设定，并且自动生成图形。

2）[y，x，t] =step（num，den）：返回变量格式。计算所得的输出 y、状态 x 及时间向量 t，返回至 MATLAB 命令窗口，不作图。

3）damp（den）：给定特征多项式系数向量，计算系统的闭环根、阻尼比 ξ、无阻尼自然振荡频率 ω_n。

4）hold on/off：当前图形保护模式开/关。

5）t = t1：t2：t3：将变量 t 线性等分。命令中的 $t1$ 为初值，$t2$ 为步长，$t3$ 为终值。

6）conv（a，b）或 conv（conv（a，b），c）：求两个传递函数的多项式的卷积。a 和 b 分别为两个多项式 s 的系数，其顺序为降幂排列。前者只限于两个多项式相乘。如果两个多项式以上，则可采用后一种形式求取。

3. 实验内容

1）根据系统框图搭建模拟电路，观测系统响应波形，记录超调量 $\sigma\%$、峰值时间 t_p 和调节时间 t_s。

2）改变开环增益 K，取值 1，5，10，20 等，观测系统在不同开环增益下的响应波形，记录超调量 $\sigma\%$、峰值时间 t_p 和调节时间 t_s。

3）分别在闭环和开环两种情况下给系统加入不同零极点，观测加入后的系统响应波形，记录超调量 $\sigma\%$、峰值时间 t_p 和调节时间 t_s。

4）分析高阶系统的阶跃响应。已知系统的闭环传递函数为

$$G(s) = \frac{500}{(s+10)(s^2+10s+50)}$$

① 作出单位阶跃响应曲线，并求出其动态响应指标（超调量、调节时间）。

② 使用主导极点的概念，将三阶系统简化为二阶系统，观察响应曲线并求出其动态响应指标。

③ 将 1）和 2）作出的两个响应曲线画在一张图形内，并比较性能指标。

4. 实验步骤

（1）系统结构图　设某位置随动系统的结构图如图 6-21 所示。

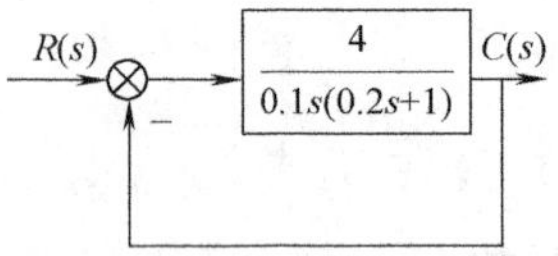

图 6-21　系统结构图

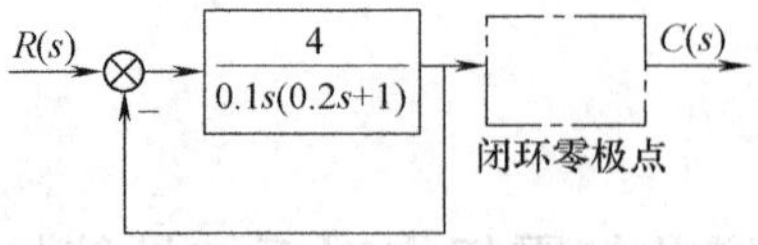

图 6-22　闭环零极点位置

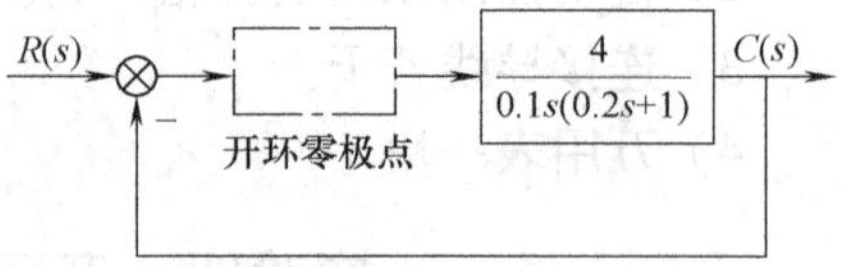

图 6-23　开环零极点位置

（2）开环增益对二阶系统的影响　根据二阶系统框图，在开环零极点不变的情况下，改变开环增益 K，系统的阻尼系数和固有频率将发生变化，从而系统的特性也发生改变。

（3）闭环零极点对二阶系统的影响 根据二阶系统的框图，在相应的位置加入闭环零极点，如图6-22所示，输入阶跃信号，观测其输出响应曲线。

（4）开环零极点对二阶系统的影响 根据二阶系统的框图，在相应的位置加入开环零极点，如图6-23所示，输入阶跃信号，观测其输出响应曲线。

（5）添加零极点环节的模型电路 系统框图中的点画线部分表示不同的零极点环节，请分别将表6-3和表6-4中的零极点环节加入到所给的二阶原系统中的指定位置。

表6-3 零点环节

零点环节	零点传递函数	实际参数值
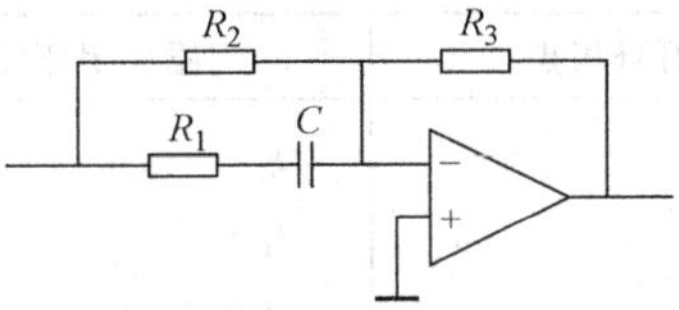	$\frac{s+5}{5}$	$R_1=1.0\text{k}\Omega$ $R_2=200\text{k}\Omega$ $R_3=200\text{k}\Omega$ $C=1.0\mu\text{F}$
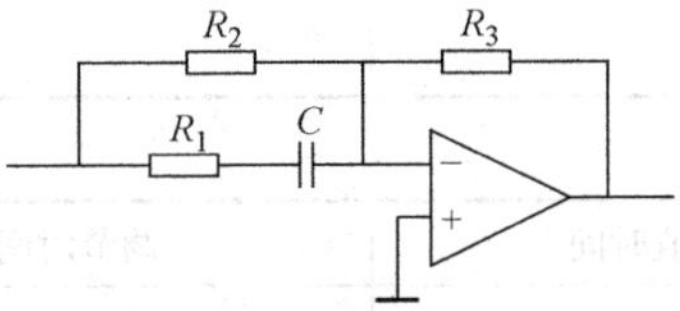	$\frac{s+50}{5}$	$R_1=1.0\text{k}\Omega$ $R_2=100\text{k}\Omega$ $R_3=100\text{k}\Omega$ $C=0.2\mu\text{F}$

表6-4 极点环节

极点环节	极点传递函数	实际参数值
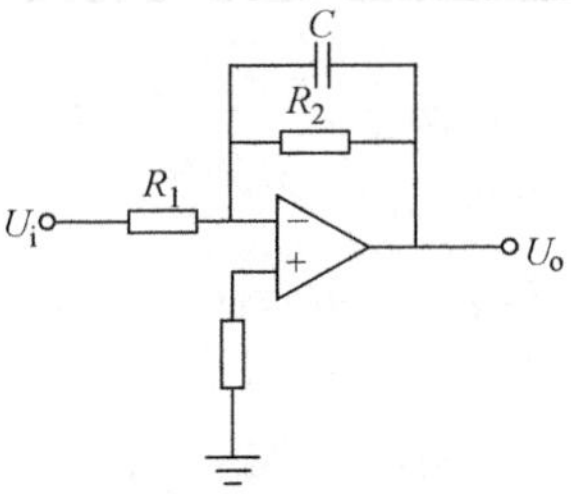	$\frac{2}{s+2}$	$R_1=500\text{k}\Omega$ $R_2=500\text{k}\Omega$ $C=1.0\mu\text{F}$
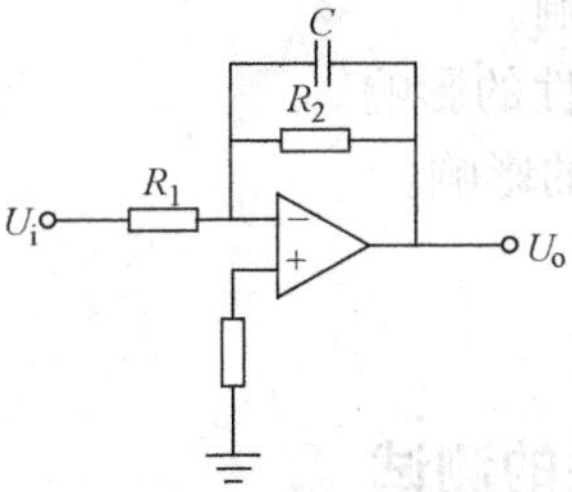	$\frac{10}{s+10}$	$R_1=100\text{k}\Omega$ $R_2=100\text{k}\Omega$ $C=1.0\mu\text{F}$
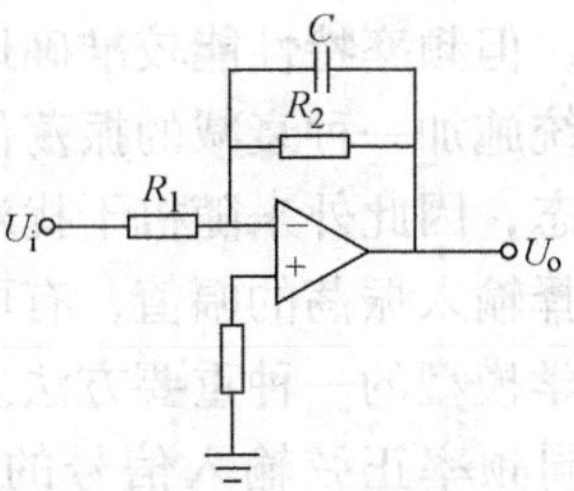	$\frac{50}{s+50}$	$R_1=200\text{k}\Omega$ $R_2=200\text{k}\Omega$ $C=0.1\mu\text{F}$

（6）实验表格　将实验结果填于表 6-5 ~ 表 6-7 中。

表 6-5　实验结果 1

零点传递函数	原系统	添加开环零点	添加闭环零点
	$\xi =$ $t_p =$ $\sigma\% =$ $t_s =$	$\xi =$ $t_p =$ $\sigma\% =$ $t_s =$	$\xi =$ $t_p =$ $\sigma\% =$ $t_s =$

表 6-6　实验结果 2

极点传递函数	原系统	添加开环极点	添加闭环极点
	$\xi =$ $t_p =$ $\sigma\% =$ $t_s =$	$\xi =$ $t_p =$ $\sigma\% =$ $t_s =$	$\xi =$ $t_p =$ $\sigma\% =$ $t_s =$

表 6-7　实验结果 3

开环增益 K	超调量	峰值时间	调节时间
	$\sigma\% =$	$t_p =$	$t_s =$
	$\sigma\% =$	$t_p =$	$t_s =$
	$\sigma\% =$	$t_p =$	$t_s =$

5. 实验预习要求

1）自学 MATLAB 语言。

2）掌握 MATLAB 的有关命令。

3）根据实验内容编写出有关的程序。

6. 实验报告要求

1）按照要求画出规范的响应图形，并分析实验结果。

2）分析改变开环增益 K 对二阶系统的动态特性的影响。

3）分析添加开环（闭环）零点对二阶系统的暂态特性的影响。

4）分析高阶系统简化成二阶系统时对系统动态性能的影响。

7. 实验仪器及设备

计算机一台。

实验五　二阶系统频率特性的测试

测试系统的频率特性要比测试时域响应曲线更加复杂，但频率特性能较准确地反映被测系统的动态特性。其原因是在测试频率特性时，对被测系统施加一种衰减的振荡信号使系统处在稳定状态；而测试时域特性时，系统处在过渡过程状态，因此外来随机干扰对实验结果的影响要比测试时域响应曲线时小得多。另外，适当地选择输入振荡的幅值，有可能得到足够大的输出波动。因此频率特性的测量是建立系统动态数学模型的一种重要方法。

频率特性又称频率响应，它是系统（或元件）对不同频率正弦输入信号的响应特性。对线性系统来说，若其输入信号为正弦量，则其稳态输出信号也将是同频率的正弦量；但幅值和相位一般都不同于输入量。若逐次改变输入信号的角频率 ω，则输出信号的幅值与相位都会发生变化。

测量控制系统或环节的频率特性的方法有好几种，有直接记录法、李沙育图形法、补偿法、正弦信号分析相关法等等，本实验主要采用直接记录法和李沙育图形法。

1. 实验目的

1）学习测量系统（环节）频率特性曲线的方法技能。

2）熟悉二阶系统的频率特性；了解二阶系统的频域指标与时域指标的对应关系。

3）学习根据频率特性的实验曲线求取传递函数的方法。

2. 实验内容

1）确定输入正弦信号的频率变化范围和测试点。

通常取低于转折频率10倍左右的频率，作为开始测试的最低频率；取高于转折频率10倍左右的频率，作为终止频率。在峰值频率和转折频率附近，应多测几个点。在确定频率测试点后将它填入实验数据表6-8内。

由于由软件编制的函数发生器输出的信号，不是以频率为单位，而是以周期为单位。因此在确定频率测试点后，应将周期 T 换算成相应的频率 ω，其换算关系是 $\omega = 1/T$。

2）将输入信号的频率逐渐提高，依次测出每一频率下的峰-峰值和相角，并注意寻找峰值频率。

3）当做完频率特性实验后，将环节输入端接入阶跃信号，记录一条该系统的阶跃响应曲线。

3. 实验原理

对于稳定线性系统，测量其频率特性就是对被测系统输入某一频率的正弦信号，然后测量其稳态输出与输入的幅值之比 $Y_m(\omega)/X_m(\omega)$ 和相位差 $\phi(\omega)$，每改变一次频率就得到一组幅值比和相位差，若在某频率范围内进行逐步扫频测量，就可以得到此频率范围内的幅频特性 $G(j\omega)$ 和相频特性 $\angle G(j\omega) = \phi(\omega)$ 的曲线。

测量控制系统频率特性的方法有很多，本实验采用以下两种：

（1）输入输出曲线的直接记录法　直接记录法的测试框图如图6-24所示。

虚拟信号发生器每给出一个频率 $\omega = 1/T$，待输出稳定后，即可在虚拟示波器上获得一组输入输出曲线。测量幅频特性时，一般为了读取方便，输入输出均取峰值。测量相频特性时，测出输入与输出峰值之间的距离 d，输入曲线前后两个峰值之间的距离 d_0，则某一频率时的相位差为

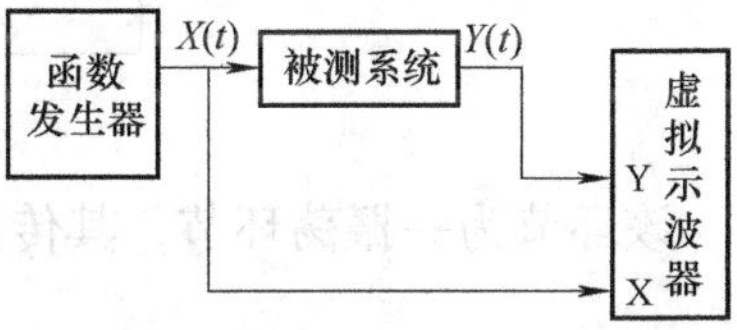

图6-24　直接记录法的测试框图

$$\varphi(\omega) = -\frac{d_0}{d} \times 360^\circ$$

若输出超前于输入，则 $\varphi > 0$，符号应取正。

这样在测定的频率范围内逐渐改变输入频率，重复上述测量就可以得到一系列对应不同频率的幅值比和相位差的值。从而得到被测系统的幅频特性。

$$A(\omega) = \frac{Y(\omega)}{X(\omega)}$$

（2）振荡环节的频率特性　对于一个振荡环节，其传递函数为

$$G(s) = \frac{1}{T^2 s^2 + 2\xi Ts + 1}$$

当 $0 \leqslant \xi \leqslant 1$ 时，以 $j\omega$ 代替 s 可得振荡环节的频率特性。

幅频特性：$A(\omega) = \frac{1}{\sqrt{(1-T^2\omega^2)^2 + (2\xi T\omega)^2}}$

相频特性：$\varphi(\omega) = -\arctan\frac{2\xi T\omega}{1-T^2\omega^2}$

二阶振荡环节的谐振频率 ω_r 和谐振峰值 M_r 如下：

谐振频率 ω_r：$M(\omega)$ 在某频率 ω 处有峰值，则该频率称为谐振频率，用 ω_r 表示。其表达式为

$$\omega_r = \omega_n\sqrt{1-2\xi^2}$$

谐振峰值 M_r：当 ξ 较小时，对数幅频特性有一高峰，称谐振峰。其谐振峰值 M_r 可表示为

$$M_r = A(\omega)_{max} = \frac{1}{2\xi\sqrt{1-\xi^2}}$$

当 $0 < \xi \leqslant 0.707$ 时，闭环频率特性的谐振峰值 M_r 才可以反映二阶系统的阻尼系数 ξ，从而反映系统的超调量；而 ω_r 可以反映给定 ξ 下的无阻尼自然振荡频率 ω_n，从而反映响应速度。

4. 实验电路

频率测试实验电路图如图 6-25 所示。

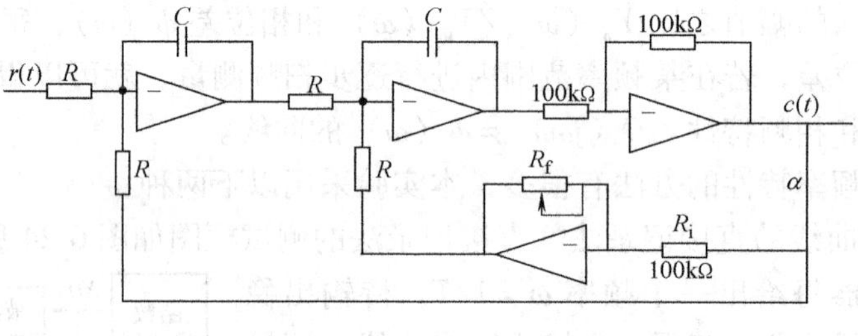

图 6-25　频率测试实验电路图

该环节为一振荡环节，其传递函数为

$$M(s) = \frac{\omega_n^2}{s^2 + 2\xi\omega_n s + \omega_n^2}$$

5. 实验步骤

1）选定 R、C、R_f 的值，使 $\omega_n = 1$，$\xi = 0.2$。

2）在实验箱上按图 6-25 所示接好实验电路。

3）启动上位机软件，设置参数，依次改变输入信号的周期 T，使 ω 分别取 11 个点，测幅频特性，并记录数据。

4）将该系统的输入接入阶跃响应信号，观察其响应曲线。

注：按所取频率范围由低到高自定测试点，但在谐振峰值周围应多测几个点。

6. 实验表格（见表 6-8）

表6-8 实验表格

ω / 参数	0.5	2	3	4	6	9	12	20	50
T									
$A(\omega)$									
$L(\omega)$									
$\varphi(\omega)$									

7. 实验预习要求

1）复习典型环节的对数幅频特性和相频特性。

2）推导出该环节的传递函数。

3）计算出截止频率ω_c、阻尼比ξ、峰值频率ω_r、谐振峰值M_r、时间常数T的值，用所给半对数坐标纸画出理论频率特性曲线。

4）了解直接记录法和李沙育图形法测量频率特性的原理和方法。

8. 实验报告要求

1）根据被测系统或环节的传递函数、模拟电路图，计算出ξ、T、ω_r、M_r的值。

2）将实验记录数据整理列表；根据实验数据，用半对数坐标纸画出被测系统或环节的理论图及实测图，并与理论曲线相比较，分析造成误差的原因。

3）从阶跃响应曲线上求出超调量$\sigma\%$。根据实验求得M_r的值，利用公式计算出对应的$\sigma\%$。将两种$\sigma\%$进行比较，分析二阶系统的频域指标和时域指标的关系。

4）写出实验心得体会，要求将预习报告附后。

9. 实验思考题

1）计算不同ω值时的$L(\omega)$和$\phi(\omega)$，并与实验结果进行比较。

2）能否根据实验所得bode图确定一个二阶系统的闭环传递函数？

3）系统输入正弦信号的幅值能太大吗？能太小吗？应该如何选取？

10. 实验设备

1）计算机一台。

2）自动控制原理实验箱一套。

3）连接导线若干。

4）万用表一块。

实验六 控制系统的根轨迹图绘制

1. 实验目的

1）掌握使用MATLAB软件作出系统根轨迹的方法。

2）了解控制系统根轨迹图的一般规律。

3）利用根轨迹图对控制系统进行分析。

2. MATLAB 相关的函数

rlocus（num，den）：开环增益 k 的范围自动设定。

r = rlocus（num，den，k）：解出一组开环增益为 k 时的系统闭环根。

[r，k] = rlocus（num，den）：返回变量格式。计算所得的闭环根 r（矩阵）和对应的开环增益 k（向量），返回至 MATLAB 命令窗口，不作图。

[k，r] = rlocfind（num，den）：在根轨迹图上，确定选定的闭环根位置的增益 k 的闭环根 r（向量）的值。具体做法是：执行该命令之后，将鼠标移至根轨迹图选定的位置，图中出现“+”标记，在 MATLAB 平台上即得到了该点的增益 k 的闭环根 r 的返回值。

注意：该函数执行前，选执行命令 rlocus（num，den），作出根轨迹图，再执行该命令。

pzmap（num，den）：计算零极点并作图。

[p，z] = pzmap（num，den）：计算所得零极点 p、z 后返回 MATLAB 窗口，不作图。

3. 实验内容

1）控制系统的开环传递函数为 $G(s)=\dfrac{k_r}{s(s+1)(s+2)}$。

要求：① 准确记录根轨迹的起点、终点与根轨迹的条数。

② 确定根轨迹的分离点与相应的根轨迹增益。

③ 确定系统临界稳定时的增益，并用命令验证系统的稳定性。

2）控制系统的开环传递函数为 $G(s)=\dfrac{k_r(s+3)}{s(s+2)}$。

要求：① 确定系统具有最大超调量时的根轨迹增益，并求出最大超调量；

② 确定系统阶跃响应无超调量时的根轨迹增益取值范围。

4. 实验预习要求

1）掌握 MATLAB 有关的命令。

2）根据实验内容编写出有关的程序。

5. 实验报告要求

1）认真作好实验记录，画出显示的图形。

2）要求有完整的数据，画出规范的图形。

3）完成上述各题要求，分析闭环极点在 s 平面上的位置与系统动态性能的关系。

4）写出实验体会。

6. 实验仪器及设备

计算机一台。

实验七　控制系统的频域分析

1. 实验目的

1）利用计算机做出开环系统的 bode 图。

2）观察控制系统的开环频率特性。

3）对控制系统的开环频率特性进行分析。

2. MATLAB 相关的函数

bode（num，den）：给定传递函数（num，den）作 bode 图，角频率（w）向量的范围自动设定。

bode（num，den，w）：给定传递函数（num，den）作 bode 图，角频率（w）向量的范围可以由人工给定。

[mag，phase，w] = bode（num，den）：返回变量格式。计算所得的幅值 mag、相角 phase 以及角频率 w，返回至 MATLAB 命令窗口，不作图。

w = logspace（d1，d2，n）：将变量 w 作对数等分。命令中的 d1、d2 为 $10^{d1} \sim 10^{d2}$ 之间的变量范围，n 为等分点数。

margin（num，den）：作 bode 图，计算 bode 图上的稳定裕度，并将计算结果表示在图的上方。

[mg，pc，wg，wc] = margin（num，den）or [mg，pc，wg，wc] = margin（mag，phase，w）：返回变量格式，不作图。返回变量 mg 为幅值裕度，所对应的频率为 wg；pc 为相位裕度，所对应的频率为 wc 。

3. 实验内容

1）已知控制系统的开环传递函数为 $G(s)H(s) = \dfrac{4}{s^2(0.2s+1)}$。

要求：① 绘制系统的 bode 图；计算系统的稳定裕度、截止频率、－180°穿越频率；

② 在系统中串联一个比例微分环节（$s+1$），绘制系统的 bode 图，并求系统的稳定裕度；

③ 说明比例微分环节对系统稳定性的影响。

2）已知控制系统的开环传递函数为 $G(s)H(s) = \dfrac{36(0.5s+1)}{s(2s+1)(0.1s+1)}$。

要求：① 绘制系统的 bode 图；计算系统的稳定裕度、截止频率、－180°穿越频率；

② 在系统中串联一个积分环节，绘制系统的 bode 图，并求系统的稳定裕度；

③ 说明积分环节对系统稳定性的影响。

4. 实验预习要求

1）掌握 MATLAB 有关的命令。

2）根据实验内容编写出有关的程序。

5. 实验报告要求

1）记录给定系统与显示的图形。

2）分析系统性能。

3）讨论开环对数幅频特性的形状和相位裕度的关系。

4）说明相对稳定性较好的系统，中频段对数幅频特性所具有的形状。

5）完成实验思考题。

6. 实验思考题

已知开环传递函数 $G(s) = \dfrac{k(s+1)}{s^2(0.1s+1)}$，令 $k=1$ 作 bode 图，应用频域稳定判据确定系统的稳定性，并求出使系统获得最大相位裕度 γ_{cmax} 时的增益 k 值。

7. 实验仪器及设备

计算机一台。

实验八 控制系统的 Nyquist 图绘制与分析

1. 实验目的

1）掌握使用 MATLAB 软件作出系统极坐标图的方法。

2）利用 Nyquist 图对控制系统进行分析。

2. MATLAB 相关的函数

nyquist（num，den）：给定传递函数（num，den）作 Nyquist 图，角频率（w）向量的范围自动设定。

nyquist（num，den，w）：给定传递函数（num，den）作 Nyquist 图，角频率（w）向量的范围可以由人工给定。

[re，im，w] = nyquist（num，den）：返回变量格式。计算所得的实部 re、虚部 im 以及角频率 w，返回至 MATLAB 命令窗口，不作图。

axis（[x1，x2，y1，y2]）：改变坐标显示范围。

w = w1：w2：w3：将变量 w 线性等分。命令中的 w1 为初值，w2 为步长，w3 为终值。

3. 实验内容

1）已知系统的开环传递函数为 $G(s)=\dfrac{5}{s(0.2s+1)(0.05s+1)}$。

要求：作 Nyquist 图，根据系统的 Nyquist 图确定系统的稳定裕度（γ，K_g）。

2）已知三阶系统的开环传递函数为 $G(s)=\dfrac{7}{2(s^3+2s^2+3s+2)}$，画出系统的 Nyquist 图，并根据图形判断系统的稳定性。

4. 实验预习要求

1）掌握 MATLAB 的有关命令。

2）根据实验内容编写出有关的程序。

5. 实验报告要求

1）认真作好实验记录，画出显示的图形。

2）分析系统性能。

3）根据所作的 Nyquist 图与系统的稳定裕度和阶跃响应来判定系统的稳定性。

6. 实验仪器及设备

计算机一台。

实验九 线性系统的串联校正分析

在自动控制系统的设计中，必须使控制系统在稳定性、稳态精度和暂态响应三个方面满足一定的技术要求。但是，当满足了其中一方面的要求时，往往会发现系统的另外一些指标不那么令人满意或出现了系统的不稳定。在这种情况下，就需要原控制系统中引入某种装置，来改善系统的动态性能。这种对系统性能的改善称为对系统的校正，所用的辅助设备叫做校正装置。在很多实际情况中，采用的校正方法可以是多种多样的，但无论哪一种形式，都要使系统既满足一定的准确度要求，又满足动态性能的要求。

根据校正装置在系统中所处位置的不同，一般分为串联校正和并联（反馈）校正。

（1）串联校正　串联校正是将校正装置串联在反馈控制系统的前向通道中。串联校正框图如图6-26所示。

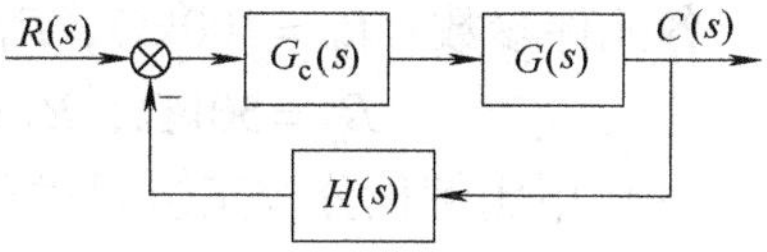

图6-26　串联校正框图

在串联校正中，根据校正环节对系统开环频率特性相位的影响，又可分为相位超前、相位滞后和相位滞后—超前校正等。

串联校正装置用来实现各种控制规律，以改善系统的性能，因此常称为控制器。

（2）并联（反馈）校正　并联（反馈）校正是将校正装置接在局部反馈通道中。

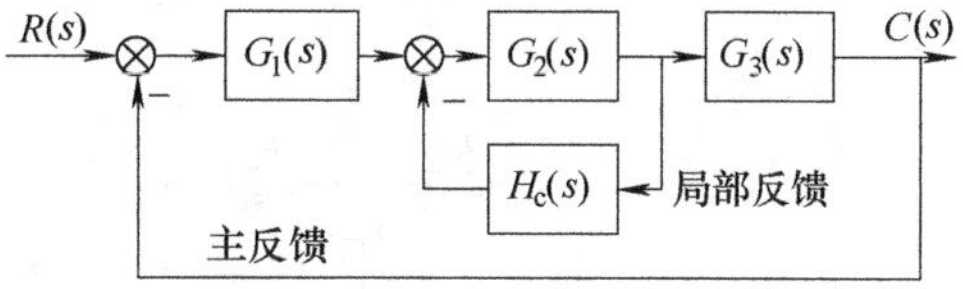

图6-27　并联（反馈）校正框图

在自动控制系统中，为了改善控制系统的性能，除了采用串联校正外，并联（反馈）校正也是常用的校正形式之一。并联（反馈）校正框图如图6-27所示。

$H_c(s)$为并联（反馈）校正的传递函数。

在这种校正方式中，校正装置$H_c(s)$反馈包围了系统的部分环节，形成局部反馈，从而改变了系统的结构、参数和性能，达到了校正的目的。

本实验中对控制系统采用串联校正。

1. 实验目的

1）了解校正装置对系统稳定性、瞬态特性的影响，并学习调试校正参数的方法。

2）学习校正装置的设计和实现方法。

2. 实验内容

1）将比例环节换成比例微分环节，观察校正前后系统的阶跃响应曲线，并记录超调量$\sigma\%$和过渡过程时间t_s值。

2）将比例环节换成比例积分环节，观察校正前后系统的阶跃响应曲线，并记录超调量$\sigma\%$和过渡过程时间t_s值。

3. 实验原理

本实验采用频率法校正控制系统。用频率法校正控制系统是改变频率特性的形状，使之具有合适的高、中、低频率特性和稳定裕度，从而获得满意的闭环响应特性。在用频率法进行校正时，幅频特性的一般特征在许多情况下可以足够准确地由bode图的形状看出。一般可以利用bode图来对系统进行校正。

校正装置分为无源校正装置和有源校正装置。有源校正装置是由运算放大器组成的调节器，本身有增益，且输入阻抗高，输出阻抗低，参数调整也方便。

本实验主要通过有源校正来验证其校正作用和它们对系统性能的影响。

基本校正装置有三种：超前校正，滞后校正，滞后—超前校正。

（1）用比例微分校正装置进行串联校正（相位超前）　在自动控制系统中，一般都包含有惯性环节和积分环节，它们使信号产生时间上的滞后，使系统快速性变差，也使系统的稳定性变差，若在系统的前向通道上串联一个校正装置，则可使相位超前，以抵消由积分环节和惯性环节而产生的不良后果，增加相位裕度，提高系统的稳定性。

比例微分校正装置电路如图 6-28 所示。

各元件参数：$R_0=100\text{k}\Omega$，$R_1=1\text{M}\Omega$，

$R_2=50\text{k}\Omega$，$R_3=5\text{k}\Omega$，$C=1\mu\text{F}$。

（2）用比例积分校正装置进行串联校正（相位滞后） 比例积分校正装置可用来提高稳态精度或改善暂态响应性能，也可用来改善系统的动态性能。其方法是利用降低控制系统的开环截止角频率，增大相位裕度，减小超调量和减少振荡次数，以增加系统的相对稳定性，但可使过渡过程时间变长。

比例积分校正装置电路如图 6-29 所示。

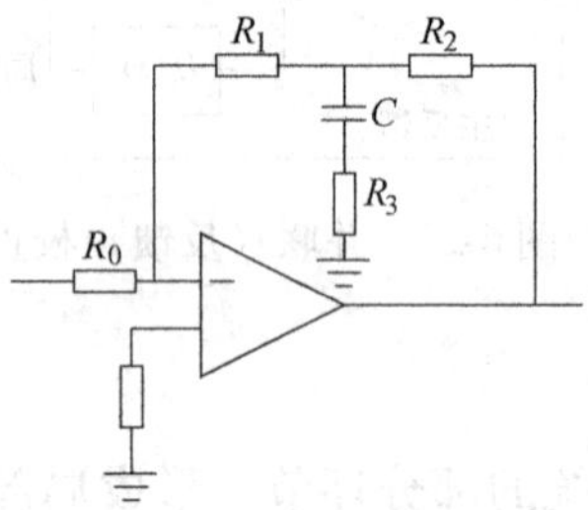

图 6-28 比例微分校正装置电路

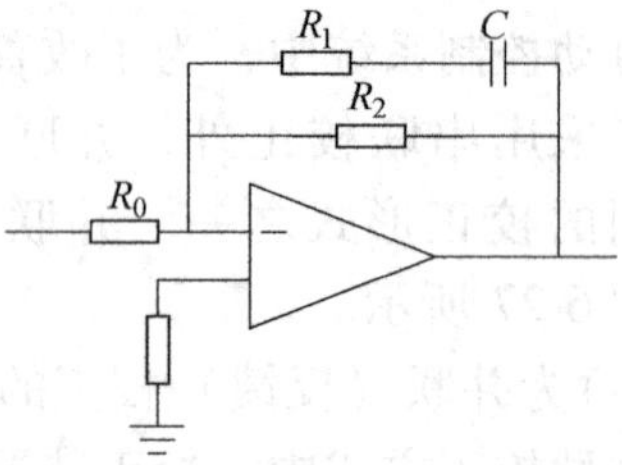

图 6-29 比例积分校正装置电路

各元件参数：$R_0=400\text{k}\Omega$，$R_1=80\text{k}\Omega$，

$R_2=400\text{k}\Omega$，$C=47\mu\text{F}$。

各元件参数可根据各时间常数 T 计算获得。

4. 实验电路

（1）串联比例微分校正 控制系统的框图及未加校正环节时的模拟电路图如图 6-30 和图 6-31 所示。

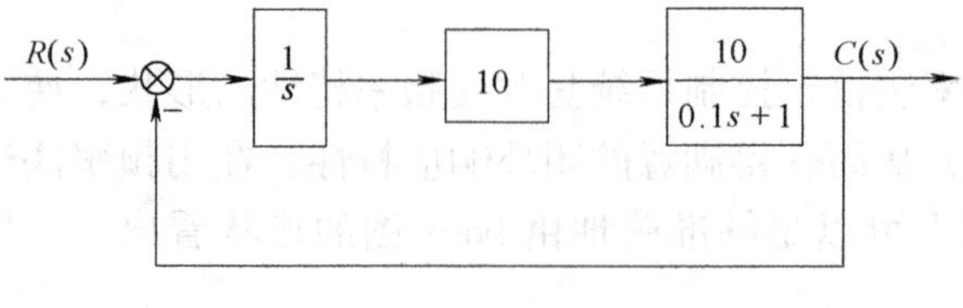

图 6-30 控制系统框图 1

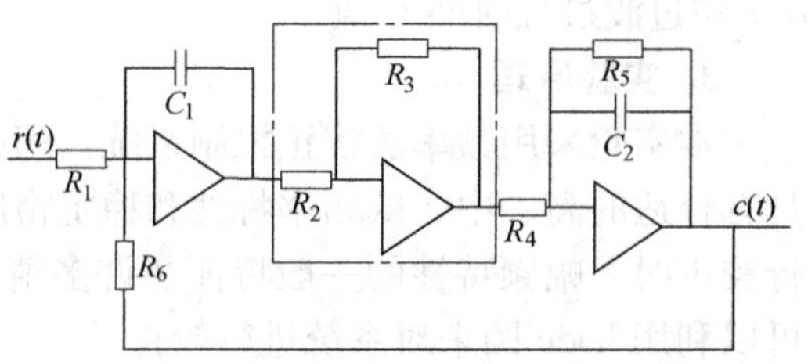

图 6-31 未加校正环节时的模拟电路图 1

则 $T_1=R_1C_1=1$，$T_2=R_5C_2=0.1$，$K=R_5/R_4=10$。

由于 ξ 很小，系统的稳定性很差，所以超调量 $\sigma\%$ 很大。将中间的比例环节（点画线框内）换成校正环节后系统的性能大大改变。

（2）串联比例积分校正 控制系统的框图及未加校正环节时模拟电路图如图 6-32 和图 6-33 所示。

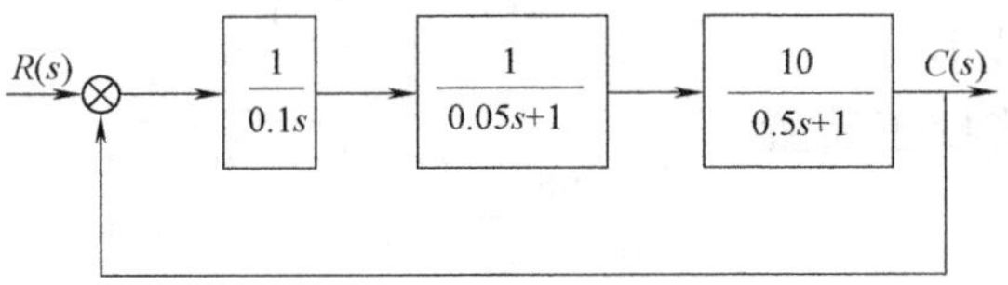

图6-32 控制系统框图2

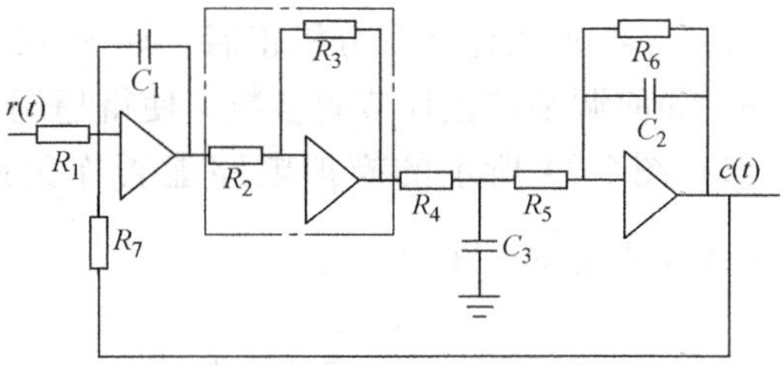

图6-33 未加校正环节时的模拟电路图2

则 $T_1=R_1C_1=0.1$，$T_2=R_4C_2=0.05$，$T_3=R_6C_3=0.05$，$K=R_6/R_5=10$。

首先用劳斯判据，判断该系统是否为不稳定系统。若为不稳定系统，则将原系统中的比例环节（点画线框内）换成校正环节后，系统的性能可以得到改善，从不稳定系统转换到稳定系统。

5. 实验步骤

1）原系统：根据所给系统的模拟电路图接好，先加入阶跃响应信号，观察其响应曲线。

2）串联比例微分校正：根据图6-31所示的模拟电路图按顺序接好，图中点画线所示位置，即为连接串联超前校正装置的地方。按点画线框中的图形连接，即为未加校正系统。在点画线框部分接入超前校正装置，接通阶跃信号，记录校正后的响应曲线的指标。

3）串联比例积分校正：在图6-33所示的模拟电路图中的点画线部分接入滞后校正装置，接通阶跃信号，记录校正后的响应曲线的指标。

6. 实验表格（见表6-9）

表6-9 实验表格

	$\sigma\%$	t_p	t_s	γ	ω_c	K_g	ω_g
原系统							
串联比例微分							
串联比例积分							

7. 实验预习要求

1）复习系统的时域动态指标与频域指标之间的关系以及各种校正环节的作用。

2）写出校正前系统的传递函数及判断该系统是否稳定。

3）画出校正前系统的bode图及计算出系统校正前的动态指标 $\sigma\%$、t_s 的理论值。

4）使用MATLAB软件求出原系统的相位裕度和幅值裕度。

8. 实验报告要求

1）首先根据实验箱上已有的参数计算所需元件的参数，按图接系统的模拟电路及校正电路；按照实验步骤，记录实验数据，从曲线上求出 $\sigma\%$ 和 t_s，并加以整理填入表格。

2）分别画出校正前后系统的bode图，并用MATLAB软件计算出系统校正前后的频域指标（相位裕度、幅值裕度），并加以整理填入表格。

3）分析校正前后系统的稳定性，并与实验结果进行比较。

4）要求完成实验思考题。

9. 实验思考题

1）系统加入比例积分校正后，如图6-32所示，虽然系统的性能有所改善，但效果不是很好，如何调整校正环节的参数，使得超调量减小？

2）图6-34所示的模拟电路能否作为超前校正装置？试计算其传递函数和$\frac{U_i}{U_o}$。

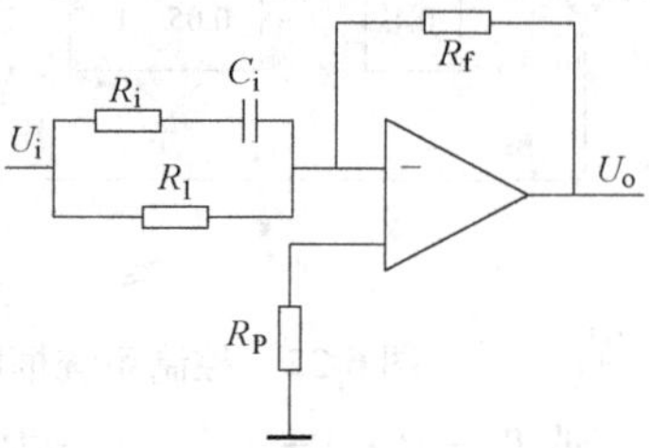

图6-34　思考题电路图

3）对于图6-32所示系统，若$G_c(s)=\frac{1.5s+1}{0.5s+1}$，能否利用MATLAB语言计算出校正后系统的闭环主导极点及与之对应的ω_n、ξ？

10. 实验设备

1）计算机一台。

2）自动控制原理实验箱一套。

3）连接导线若干。

4）万用表一块。

实验十　应用频率法设计串联校正装置

1. 实验目的

1）了解和掌握串联校正的分析和设计方法。

2）研究串联校正环节对系统稳定性及过渡过程的影响。

3）使用MATLAB工具箱中的sisotool工具设计校正环节。

2. 实验原理

当系统的开环增益满足其稳态性能的要求后，它的动态性能一般都不理想，甚至会发生不稳定，为此需要在系统中串联一个校正装置，使系统的开环增益不变，同时还能使系统动态性能满足指标要求。利用MATLAB提供的功能，可以直观地在图中进行设计，使用户快速地完成系统校正的工作。

SISO设计工具（SISO Design Tool）可完成的功能有：

- 利用根轨迹方法计算系统闭环特性；
- 针对开环系统bode图形进行系统设计；
- 添加补偿器的零极点；
- 设计超前、滞后网络和滤波器；
- 分析闭环系统响应；
- 调整系统幅值或相位裕度；
- 系统在连续和离散状态下的互换。

3. 实验内容

1）单位反馈系统原有部分的开环传递函数为

$$G(s)=\frac{40}{s(0.2s+1)(0.025s+1)}$$

保持系统的开环增益不变，要求校正后系统的相位裕度$\gamma\geqslant30°$。

① 设计串联超前校正装置；

② 设计串联滞后校正装置；

③ 讨论采用上述两种校正方案的不同效果。

2）单位负反馈系统原有的开环传递函数为

$$G(s)=\frac{1}{s(0.2s+1)(0.25s+1)}$$

要求校正后系统的开环增益 $K=25$，相位裕度 $\gamma>45°$，开环截止频率满足 $0.8s^{-1}<\omega_c<1.5s^{-1}$，试确定串联校正装置的类型，并进行设计。

4. 实验预习要求

1）复习教材有关内容，掌握线性系统的一般校正方式。

2）阅读本实验教材中控制系统校正与综合部分的全部内容。

3）学会使用 MATLAB 中的 SISO 设计工具。

4）设计出校正环节装置，并设计出实验表格。

5. 实验报告要求

1）按实验内容的要求，确定各系统所引入校正装置的传递函数。

2）画出原系统、加入超前校正装置、滞后校正装置后系统的单位阶跃响应曲线。

3）画出原系统、加入超前校正装置、滞后校正装置后系统的对数幅频特性曲线。

4）验证所引入的校正装置在加入系统后是否满足给定性能指标要求。

5）从时域和频域两个角度分析实验数据，分析校正环节对于系统稳定性和过渡过程的影响。

6. 实验仪器及设备

计算机一台。

实验十一 典型非线性环节的模拟

在实际自动控制系统中，非线性总是不同程度地存在着，严格来说实际自动控制系统均不属于线性系统，只是在一定条件下近似地作为线性系统来处理。非线性特性对系统的性能指标通常会带来不利的影响，当然也可应用非线性特性改善系统的性能指标。为了研究非线性系统，首先来学习几种典型非线性环节及其电子模拟的方法。

1. 实验目的

1）学习运用自动控制原理学习机实现典型非线性环节的方法。

2）了解非线性环节的模拟原理，并掌握典型非线性环节的模拟方法。

3）掌握非线性环节特性的测量方法。

4）分析典型非线性环节的输入-输出特性。

2. 实验内容

（1）死区非线性特性

1）改变死区非线性特征值 Δ，使 $\Delta=10\text{V}$、5V、1.5V，观察并记录输入-输出特性曲线。

2）改变放大区斜率 k，观察并记录输入-输出特性曲线。

（2）饱和非线性特性

1）改变饱和非线性特征值 S，使 $S=9\text{V}$、6V、2.25V，观察并记录输入-输出特性曲线。

2）改变放大区斜率 k，观察并记录输入-输出特性曲线。

3）为使限幅区特性平坦，可采用双向稳压管组成限幅电路。

3. 实验原理

（1）死区非线性特性（见图 6-35）

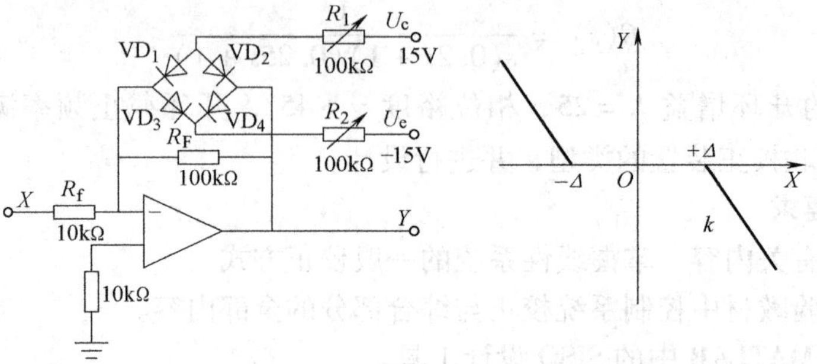

a) 模拟电路图　　b) 输入-输出特性曲线

图 6-35　实验电路及特性曲线

死区非线性特征值为　$\Delta=-\dfrac{R_f}{R_2}U_e$，$-\Delta=-\dfrac{R_f}{R_1}U_c$；放大区斜率为 $k\approx-\dfrac{R_F}{R_f}$。

（2）饱和非线性特性（见图 6-36）

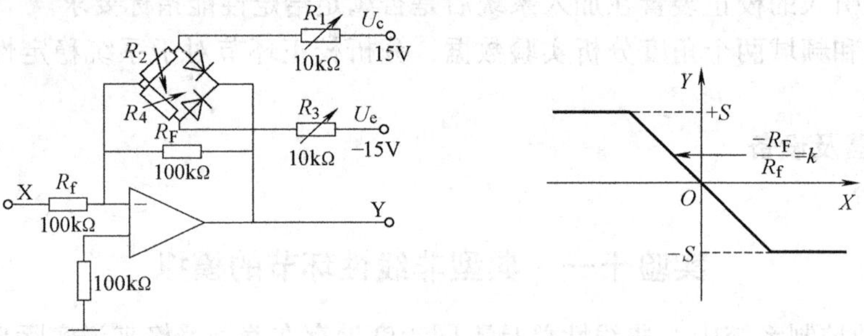

a) 模拟电路图　　b) 输入－输出特性曲线

图 6-36　实验电路及特性曲线

饱和非线性特征值为 $-S\approx\dfrac{R_2}{R_1}U_e, S\approx\dfrac{R_4}{R_3}U_c$；放大区斜率为 $k\approx-\dfrac{R_F}{R_f}$。

4. 实验电路

实验电路在实验原理中已介绍，根据模拟电路图及实验内容要求完成该实验。

5. 实验预习要求

复习实验相关内容，了解各种典型非线性环节的模拟电路的原理。

6. 实验报告要求

首先根据学习机上已有的参数计算所需元件的参数，画出非线性环节的模拟电路；记录实验数据及绘出结果图形，并分析各种典型非线性环节；写出实验体会。

7. 实验思考题

1）比较死区非线性特征值 Δ 的计算值与实测数据，分析产生误差的原因。

2）比较饱和非线性特征值 S 的计算值与实测数据，分析产生误差的原因。

8. 实验设备

1）自动控制原理实验箱一套。

2）计算机一台。

3）万用表一块。

4）连接导线若干。

实验十二 非线性控制系统分析

在实际的自动控制系统中，非线性总是不同程度地存在着。非线性特性对系统的性能指标通常会带来不利的影响。当然也可以用非线性特性来改善控制系统的性能指标。研究非线性控制系统一般采用相平面分析法。

相平面分析法是分析非线性系统在阶跃输入下的瞬态响应以及求解初始条件的有效手段。它利用相平面的概念，可以不直接求解微分方程而得到系统所有可能的运动状态。相平面图表示系统在各初始条件下的运动过程，相轨迹则表示系统在某一初始条件下的运动过程。绘制相平面图的主要方法有图解法、解析法和实验法。其中实验法是一种获得相轨迹比较容易的途径，根据相轨迹的形状和位置就能分析出系统的瞬态响应和稳态误差。

1. 实验目的

1）培养学生模拟研究非线性系统的技能。

2）绘制非线性二阶系统的相轨迹。

3）学会用相平面法分析继电型非线性系统的特性。

4）用速度反馈校正装置改善继电系统的动态特性。

2. 实验内容

1）限幅电压 $\pm U$ 的调整。

2）二阶系统阶跃响应曲线的绘制。

观察并记录线性与非线性二阶系统的相轨迹，并求出超调量 $\sigma\%$。

按照模拟电路接好，先甩开非线性环节，直接施加阶跃信号（1V，4V），观察其阶跃响应曲线；然后接上非线性环节，施加阶跃信号（1V，4V），观察其阶跃响应曲线。

加入速度负反馈，观察并记录其阶跃响应曲线；将速度负反馈环节按要求加入，依次改变反馈增益，观察其阶跃响应曲线。

3. 实验原理

（1）具有理想继电型非线性控制系统 其结构图如图6-37所示。

该系统可用下列微分方程来表示，即

$$\begin{cases} T\ddot{c}(t)+\dot{c}(t)=ku \\ r(t)-c(t)=e(t) \end{cases}$$

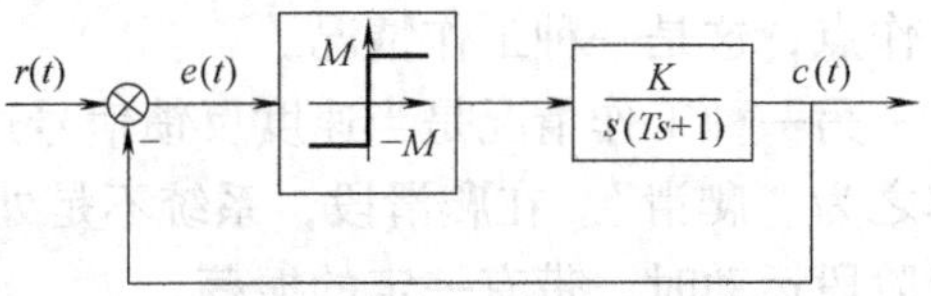

图6-37 具有理想继电型非线性控制系统结构图

其中，继电型非线性输入-输出函数为

$$u(t)=\begin{cases} M & e>0 \\ -M & e<0 \end{cases}$$

当系统的输入为阶跃信号时，$r(t)=R, e=-c$。

则有

$$\begin{cases} T\ddot{e}+\dot{e}+KM=0 & e>0 \\ T\ddot{e}+\dot{e}-KM=0 & e<0 \end{cases}$$

根据上述两个微分方程，采用 e 和 $\dot{e}$ 为相平面坐标，$\dot{e}$ 轴相应地将相平面划分成两个区域Ⅰ和Ⅱ，其开关线方程 $e=0$，且两个区域都没有奇点。系统的相平面图对称于原点。系统在阶跃信号输入下，在区域Ⅰ内的初始点（例如 A）开始沿相轨迹运动到界线上 B 点。再从 B 点开始沿区域Ⅱ的相轨迹运动到 C 点，再进入区域Ⅰ，经几次往返运动，系统逐渐收敛于原点。如果考虑继电非线性元件的切换延时，则会在原点形成稳定的极限环。如图 6-38 所示。

从相轨迹可以得出系统的如下指标：

1）超调量：$M_p=\dfrac{\overline{OF}}{\overline{OA}}\times 100\%$。

2）振荡次数 N：从初始点开始运动，环绕原点转了 N 个 360°。

3）稳态误差 e_{ss}：由于相轨迹最后收敛于原点，故 $e_{ss}=0$。

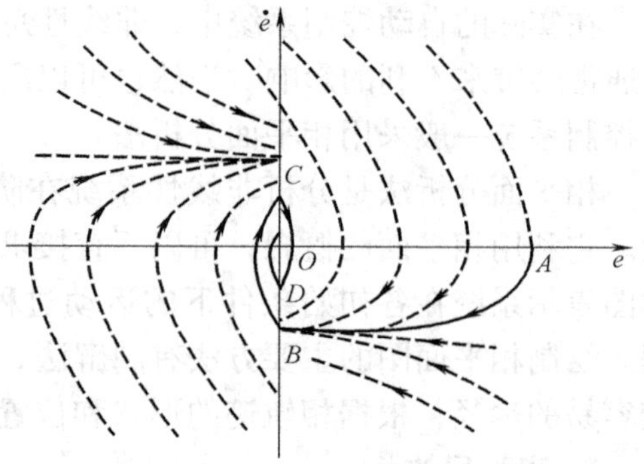

图 6-38 非线性系统的相轨迹图

（2）具有理想继电型非线性控制系统的校正

前述相轨迹图是具有理想继电型非线性控制系统在没有加校正时的图形，由此可以看出此系统表现为非线性，因而使得控制系统的运行过程要经过多次振荡才能趋于平衡状态。为此在系统中采用并联微分校正来改善其动态性能。其结构图如图 6-39 所示。

由结构图中两个叠加点的方程式 $e=r-c$ 和 $\varepsilon=e-K_s\dot{e}$ 可以得到非线性元件的输入量 ε，e 和 $\dot{e}$ 的关系式为 $\varepsilon=e+K_s\dot{e}$，则 $e-K_s\dot{e}=0$ 就是开关线方程，此方程的图形是一条通过原点且斜率为 $-1/K_s$ 的直线。

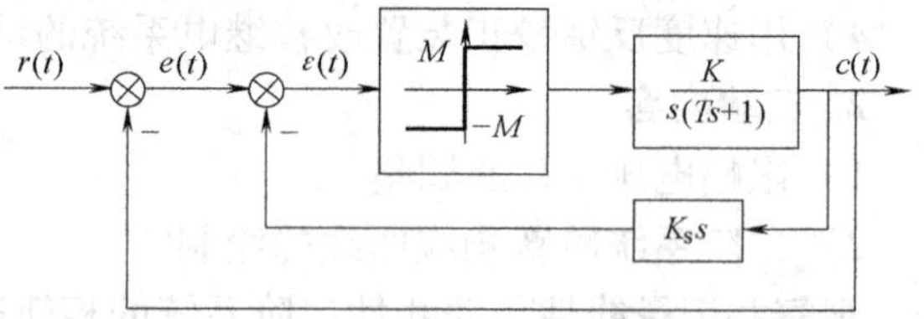

图 6-39 校正后结构图

由系统的结构图可以得到系统的微分方程，即

$$\begin{cases} T\ddot{e}+\dot{e}+KM=0 & e+K_s\dot{e}>0 \\ T\ddot{e}+\dot{e}-KM=0 & e+K_s\dot{e}<0 \end{cases}$$

由相轨迹图 6-38 可以看出，开关线把相平面分成两个区域Ⅰ和Ⅱ，$e+K_s\dot{e}>0$ 为Ⅰ区；$e+K_s\dot{e}<0$ 为Ⅱ区。系统在阶跃信号作用下，相轨迹运动至 A_1 点，经过切换线很快达到平衡工作点，这是一种工作情况。

另一种工作情况是当速度反馈信号过强使得 $\tau>T$ 时，系统会发生滑动现象。这种现象称之为“爬滑”。在爬滑段，系统不是处于自由运动状态，由于继电周期性切换，系统在爬滑阶段运动时，带有一定的振荡。

比较控制系统校正前后的运动过程，明显看出，校正使切换线由原来的 $\dot{e}$ 轴逆时针转过一个角度，而系统的微分方程不变，相轨迹的形状及位置不变，由于切换线的改变，使切换时间提前，切换时相轨迹转换到更为靠近平衡工作点的相轨迹上，使之更快地收敛于奇点，加快了过渡过程的进程，提高了系统的平稳性，从而改善了系统的动态特性。

4. 实验电路及步骤

（1）限幅电压 ±U 的调整（见图6-40）

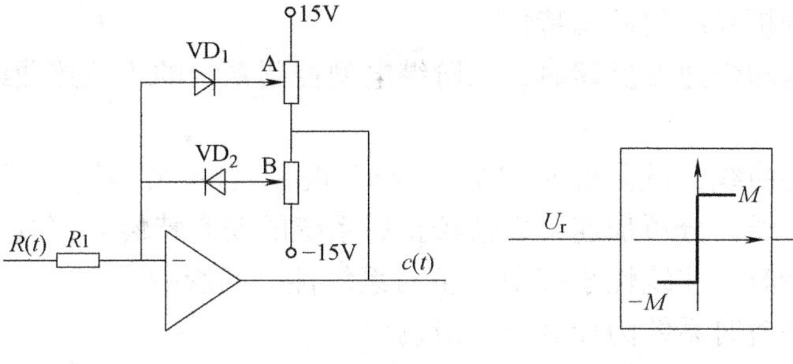

图6-40 限幅电压的调整

（2）分析继电型非线性系统在输入阶跃信号下的瞬态响应

1）按照系统模拟电路图接线（见图6-41）。

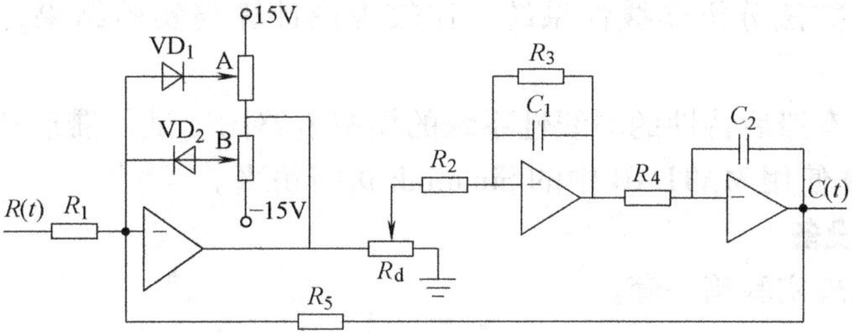

图6-41 模拟电路图

系统的传递函数为

$$G(s) = \frac{1}{T_2 s(T_1 s + 1)} = \frac{10}{s(5s + 1)}$$

其中，$T_1 = 0.5$；$T_2 = 1$。

调节电位器 R_d，使系统的线性部分 $K=10$，分别在系统的输入端加阶跃信号，$u=1\text{V}$、$u=4\text{V}$，即可在屏幕上看到该系统的阶跃响应曲线，并记录曲线，测出超调量。

2）接入速度负反馈。模拟电路如图6-42所示。

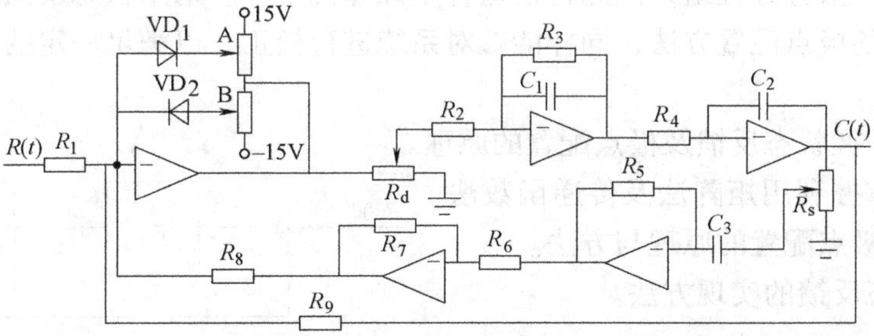

图6-42 接入速度负反馈后的模拟电路

3）调节反馈增益系数 $R_s=0.2$ 时，在屏幕上观察在 $u=4\text{V}$ 时系统的阶跃响应曲线，并记录其曲线。

4）逐步增大反馈增益系数，使得 $R_s=0.8$ 时，在屏幕上观察系统的阶跃响应曲线，并记录其曲线。

5. 实验预习要求

1）复习相平面法分析非线性系统的原理。

2）根据实验电路分析系统的动态特性。

3）绘出无速度反馈和带速度反馈时，二阶继电型控制系统的相轨迹曲线。

6. 实验报告要求

1）手工绘出相轨迹曲线，试分析 $u=1\text{V}$、$u=4\text{V}$ 时系统的动态特性和稳定性。

2）根据阶跃响应曲线，分析加速度反馈校正后系统的动态特性有何改变。

3）讨论加速度反馈时，非线性系统中 K 值对系统性能的影响。

4）分析增大反馈增益时系统为什么产生滑动。

7. 实验思考题

1）在具有继电特性的非线性系统中，分别输入一个大信号和一个小信号的阶跃电压，系统的输出响应曲线有何不同，为什么？

2）应用描述函数法分析非线性系统，比较理论计算与实验结果，分析产生误差的原因。

3）自行设计具有滞后特性的非线性系统的模拟电路图，试作滞后非线性对线性系统的影响的实验分析。并使用 MATLAB 中的 Simulink 进行仿真。

8. 实验仪器及设备

1）自动控制原理实验箱一套。

2）计算机一台。

3）万用表一块。

4）连接导线若干。

实验十三　状态反馈的设计与实现

在经典控制理论中是用传递函数来描述系统的，因此只能以输出量作为反馈。用现代控制理论来分析时，广泛应用状态空间法。这种分析方法有两个特点：一是将控制系统的求解放在时域上来讨论，并且直接在时域上表示出分析的结果；二是采用矩阵运算，把高阶微分方程写成一阶联立微分方程组，因此特别适合于计算机运算。采用状态反馈的控制方式，并可运用状态反馈的极点配置方法，同样能够对系统进行校正，以满足一定的性能指标。

1. 实验目的

1）了解和掌握状态反馈及极点配置的原理。

2）了解和掌握利用矩阵法及传递函数法计算状态反馈及极点配置的原理与方法。

3）熟悉状态反馈的实现方法。

2. 实验内容

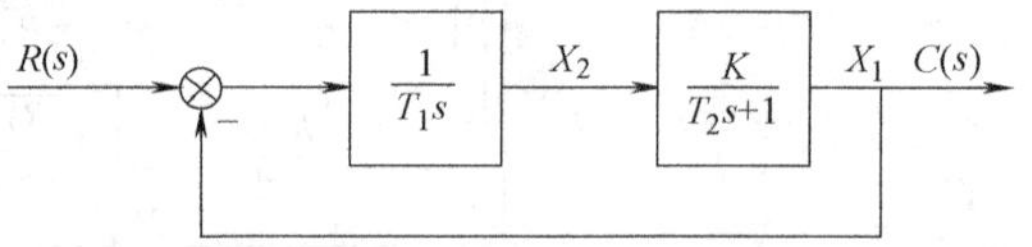

图 6-43　原系统结构图

原系统结构图如图 6-43 所示。其中，X_1 和 X_2 是可以测量的状态变量。

试设计状态反馈矩阵 $K=[K_1\quad K_2]$，使系统加入状态反馈后其动态性能指标满足给定的要求。下面给定指标要求。

1）已知 $K=10$，$T=1\text{s}$，要求加入状态反馈后系统的动态性能指标为：$\sigma\%\leqslant 20\%$，$t_s\leqslant$

1s，$e_{ss}=0$（阶跃输入）。

2）已知 $K=1$，$T=0.05\text{s}$，要求加入状态反馈后系统的动态性能指标为：$\sigma\% \leqslant 5\%$，$t_s \leqslant 0.5\text{s}$，$e_{ss}=0$（阶跃输入）。

状态反馈后的系统结构图，如图6-44所示。

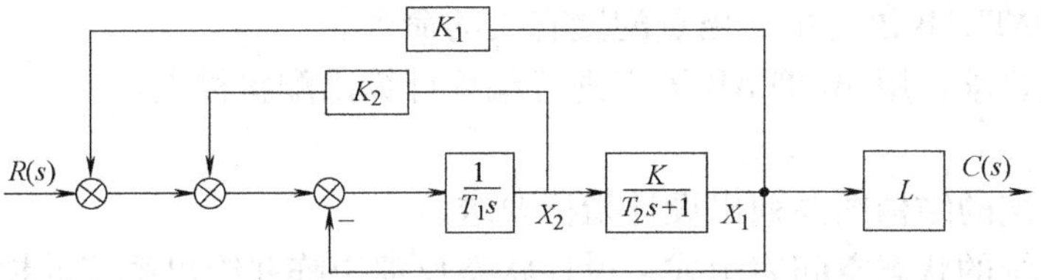

图6-44 状态反馈后的系统结构图

分别观测状态反馈前后两个系统的阶跃响应曲线，检验系统的动态性能指标是否满足设计要求。

3. 实验原理

一个受控系统只要其状态是完全能控的，则闭环系统的极点就可以任意配置。极点配置有两种方法：一是采用变换矩阵 T，将状态方程转换成可控标准型，然后将期望的特征方程和加入状态反馈增益矩阵 K 后的特征方程进行比较，令对应项的系数相等，从而决定状态反馈增益矩阵 K；二是基于 Carlay-Hamilton 理论，它指出矩阵 $A-BK=\tilde{A}$ 满足自身的特征方程，改变矩阵特征多项式 $\Phi(\hat{a})$ 的值，可以推出增益矩阵 K。这种方法推出增益矩阵 K 的方程式叫 Ackermann 公式。

4. 实验步骤

（1）观察状态反馈前系统　状态反馈前系统的模拟电路如图6-45所示

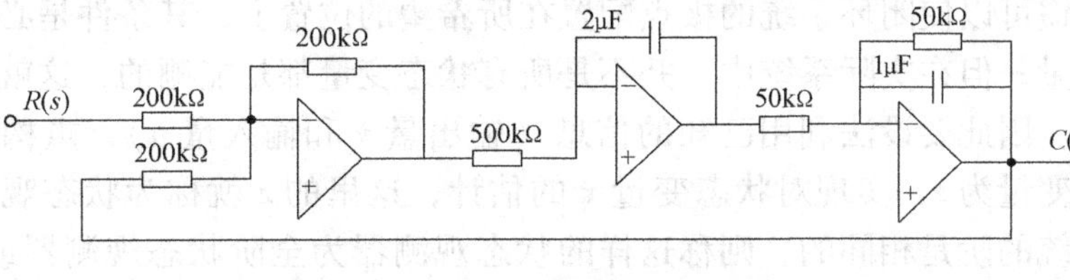

图6-45 状态反馈前系统的模拟电路

按其电路接好线，输入单位阶跃响应信号，观察其输出，然后移动游标测量其超调量和峰值时间。

（2）观察状态反馈后系统　若期望指标为 $\sigma\% \leqslant 5\%$，$t_s \leqslant 0.5\text{s}$，设计状态反馈后系统的模拟电路如图6-46所示（点画线框为L）。经计算要求反馈系数 $K_1=-10.8=R_1/R_2$，$R_1=200\text{k}$，则 $R_2=18.5\text{k}$；反馈系数 $K_2=-15.8=R_1/R_3$，$R_1=200\text{k}$，则 $R_3=12.6\text{k}$。

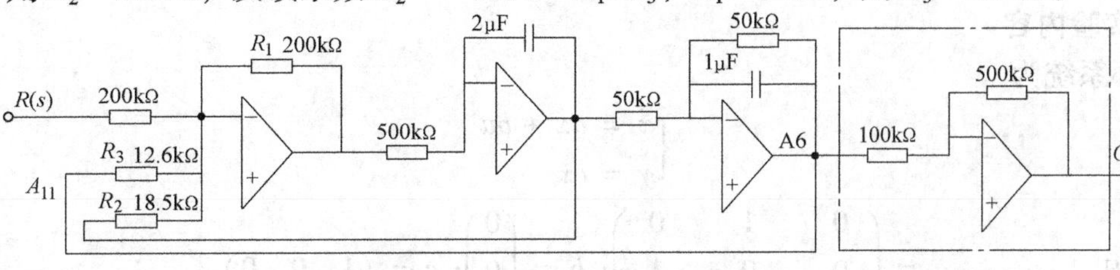

图6-46 状态反馈后系统的模拟电路

按其电路接好比例电阻和点画线框内的比例环节的电路，然后输入单位阶跃响应信号，观察其输出，移动游标测量其超调量和峰值时间。

5. 实验预习要求

1）复习与实验有关的理论知识，掌握状态反馈的极点配置方法。

2）会使用 MATLAB 语言中与极点配置有关的命令。

3）根据实验要求，用 MATLAB 语言进行编程计算出配置极点。

6. 实验报告

1）画出原系统的结构图并列出设计指标要求。

2）写出原系统的状态空间表示式，设计状态反馈矩阵并绘出系统的模拟电路图。

3）绘制状态反馈前后系统的阶跃响应曲线，并求出 $\sigma\%$、t_p 及 t_s 等动态性能指标。

4）写出实验结果分析及心得体会。

7. 实验思考题

1）输出反馈在何种情况下，系统极点可任意配置？

2）若系统的某个变量不能直接测量，用何种办法才能构成全状态反馈？

8. 实验仪器及设备

1）计算机一台。

2）自动控制原理实验箱一套。

3）万用表一块。

4）连接导线若干。

实验十四　带观测器的状态反馈系统的设计

利用状态反馈可以使闭环系统的极点配置在所希望的位置上，其条件是必须对全部状态变量都能进行测量，但在实际系统中，并不是所有状态变量都是能测的，这就给状态反馈的实现造成了困难。因此要设法利用已知的信息（输出量 y 和输入量 u），重构系统状态，这里记重构的状态变量为 z，实现对状态变量 x 的估计，这里的 z 就称为状态观测器。若状态观测器的阶和系统的阶是相同的，则称这样的状态观测器为全阶状态观测器或全阶观测器。对状态观测器所估计的状态变量进行反馈，即可实现对所设计闭环系统的期望配置。

1. 实验目的

1）学习全阶状态观测器的设计方法。

2）了解全阶状态观测器的实现方法。

3）实现带全阶观测器的状态反馈系统的设计，促进状态观测器和状态反馈理论的学习。

2. 实验内容

开环系统为

$$\begin{cases} \dot{x} = ax + bu \\ y = cx \end{cases}$$

其中，$$a = \begin{pmatrix} 0 & 1 & 0 \\ 0 & 0 & 1 \\ -6 & -11 & -6 \end{pmatrix};\ b = \begin{pmatrix} 0 \\ 0 \\ 1 \end{pmatrix};\ c = (1\quad 0\quad 0)。$$

1）设计带全阶状态观测器的状态反馈，使反馈后的系统极点为 $-1\pm j2$，-2；观测器的极点为 $-2\pm j2\sqrt{3}$，-5。

2）求系统的传递函数。

3）分析并比较带观测器的系统状态反馈前后的阶跃响应曲线。

4）分析并比较带观测器和不带观测器的状态反馈系统的阶跃响应曲线。

3. 实验原理

考虑系统 $\begin{cases}\dot{x}=Ax+Bu\\ y=Cx\end{cases}$，设系统完全可控可观，则带观测器的状态反馈系统如图 6-47 所示。

上述系统为

$$\begin{cases}\dot{x}=Ax+Bu\\ y=Cx\\ \dot{z}=(A-K_zC)z+Bu+K_zy\\ u=Kz+v\end{cases}$$

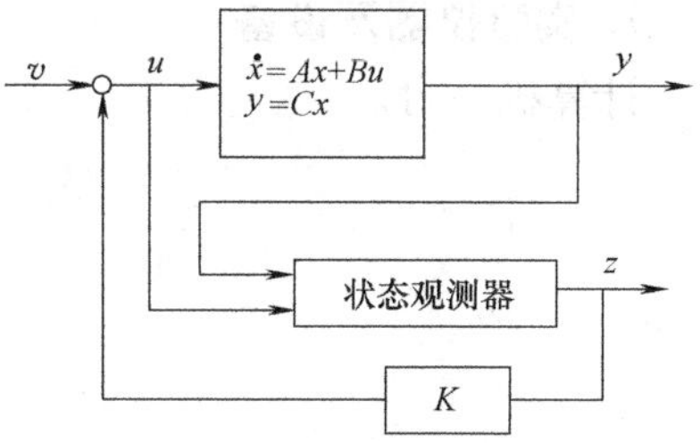

图 6-47　带观测器的状态反馈系统

简单整理后可得系统的状态方程为

$$\begin{pmatrix}\dot{x}\\ \dot{z}\end{pmatrix}=\begin{pmatrix}A & BK\\ K_zC & A-K_zC+BK\end{pmatrix}\begin{pmatrix}x\\ z\end{pmatrix}+\begin{pmatrix}B\\ B\end{pmatrix}v$$

$$y=Cx=[C\quad 0]\begin{pmatrix}x\\ z\end{pmatrix}$$

对上式进一步处理后有

$$\begin{cases}\begin{pmatrix}\dot{x}\\ \dot{e}_z\end{pmatrix}=\begin{pmatrix}A+BK & BK\\ 0 & A-K_zC\end{pmatrix}\begin{pmatrix}x\\ e_z\end{pmatrix}+\begin{pmatrix}B\\ 0\end{pmatrix}v\\ y=Cx\end{cases}$$

则系统的传递函数为 $G(s)=C(sI-(A+BK))^{-1}B$，即加上状态观测器后，不影响系统的极点配置。因此，观测器设计和状态反馈设计可以分别独立进行。

前面已经给出了状态反馈增益矩阵 K 的 MATLAB 实现方法，这里不再赘述。为求出状态观测器的反馈增益 K_z，可采取与极点配置类似的方法，有两种方法：一是构造变换矩阵 Q，使系统变成标准能观型，然后根据特征方程求 K_z；二是采用 Ackermann 公式，即 $K_z=\Phi(a)\ oam^{-1}\ (0\quad 0\quad \cdots\quad 0\quad 1)^{T}$，其中，$oam$ 为可观性矩阵。

利用对偶原理，可使设计问题大为简化。首先构造对偶系统，即

$$\begin{cases}\dot{\tilde{x}}=A^{T}\tilde{x}+C^{T}u\\ \tilde{y}=B^{T}\tilde{x}\end{cases}$$

然后可由变换法或 Ackermann 公式求出对偶系统极点配置的反馈增益 $\tilde{K}$（可由 MATLAB 的 place 和 acker 函数得到），最后求出状态观测器的反馈增益为

$$K_z=\tilde{K}^{T}$$

4. 实验预习要求

复习有关全阶观测器的内容，以及带观测器的状态反馈系统，运用全阶观测器的设计方法及步骤，用 MATLAB 实现实验内容。

5. 实验思考题

1）若设计降维观测器，则本实验可设计的观测器最低维数是多少？

2）如何设计动态补偿器？

6. 实验报告

1）画出原系统的框图。

2）用 MATLAB 语言编程求出其全阶观测器的反馈增益和状态反馈增益。

3）设计带全阶观测器的状态反馈系统，根据传递函数求出 $\sigma\%$、t_p 及 t_s 等动态性能指标并绘制阶跃响应曲线，画出带有全阶观测器的框图。

4）写出实验结果分析及心得体会。

7. 实验仪器及设备

计算机一台。

附　　录

附录 A　XMN-2 型自动控制原理学习机使用说明

1. 概述

XMN-2 型自动控制原理学习机是为配合各类院校自动控制理论课程而设计的电子模拟设备，配置了二极管、电位器、分压器、电阻、电容等部件，可以组成各种典型环节以及对控制系统进行电子模拟。使用 XMN－2 型自动控制原理学习机为掌握控制理论、调试控制系统、选择校正环节的理想参数等提供了方便，是学习自动控制理论课程必不可少的实验设备。

2. 主要技术性能

1）输入电源电压：220V；输出电压：±15V；额定输出电流：400mA。

2）模拟运算单元：由 op07 运算放大器组成的运算部件有九个；系数电位器八个；非线性环节；阻容无源环节；双向电表：±15V；信号源：阶跃信号 0～±15V 可调；计算机接口等。

3. 结构与原理

（1）电源部分　本机电源由变压器及集成电路等组成，当接通电源开关时，操作面板的左侧相应的插孔有±15V（只供本机使用）电源，对应的 LED 指示灯亮。

（2）运算单元的连接方式　本机共有九个运算单元，除 op9 是反相器外，其余八个单元均可实现加法、积分以及微分等运算。每个运算单元除了配备常用的电阻、电容外，还在运算放大器的反馈回路和输入回路安排了“外接”接口，使运算单元所应用的参数更加广泛，以满足更多的实验内容。

（3）其他单元　在操作面板上配备了可供组成饱和、死区和迟滞回线等非线性电路的电阻、电容以及二极管等元器件。

（4）阶跃信号　本机配有“输入”插口，可以与外加信号源配合使用。

4. 使用与操作

1）使用前，请阅读本设备的使用说明书。

2）电压表的测量选择必须拨向左方，才能用此表测量其他电压值。这时需把要测的电压信号接到外接端口上。

3）“复位”键：进行再次运算前，按“复位”键，使每一个积分器反馈回路中的电容通过其按键以消除电容上的残余电荷。

4）“测量选择”拨码盘及电压表：在操作面板的右方的电压表上，所指示的电压值为拨码盘上数码所选定的运算放大器的输出电压值，同时由插口输出供示波器观察相应数码的运算放大器的输出波形。当拨码盘拨到 0 时，接阶跃电压输出端。

5）电压表量程：正常情况下电压表量程为±15V，±1.5V 用来测量各运算放大器在调零时是否为零。

6）使用注意事项：

开机前清理面板上的连线，将不用的线拔出，特别是 ±15V 插孔不能接地，以防烧坏电源。

在连接模拟电路时，应关闭模拟机电源。不用的运算放大器应接成比例器的形式，以防止损坏。

插头有自锁功能，插头插入后顺时针旋转一定角度即可锁紧，拔出时需按反方向旋转后方可拔出，严禁拉着导线拔出。

附录 B　labACT 自控/计控原理实验机构成及说明

一、D 和 B 实验区

1. 显示与功能选择模块（D1）

D1 实验区是一个显示与功能选择模块，它主要由 5 位 8 段数码管、四个功能选择按键、16 个指示灯和三个测试孔组成。D1 实验区是独立于实验机的 CPU 控制模块，提供控制对象输出显示，并实现函数发生器（B5）的十种（可选择）波形输出切换控制和显示。

（1）输入信号测量　上排左按键循环控制输入信号的测量，包括电压（－5～＋5V）、电压（0～＋5V）、频率、温度和直流电机转速测量。每按一次按键，指示灯向右循环切换，数码管显示相应的测量信息。信号的输入口为模块中的两个“电压测量”和一个“频率测量”测试孔。指示灯和数码管的输出数据显示对应关系表见附表 1。

附表 1　指示灯和数码管的输出数据显示对应关系表

项目内容	指示灯	输入测试孔	数据显示	单位
（－5～＋5V）电压测量	电压（－5～＋5V）	电压测量（－5～＋5V）	（－）X. XX	V
（0～＋5V）电压测量	电压（0～＋5V）	电压测量（0～＋5V）	X. XX	V
频率测量	频率	频率测量	XXX . X	Hz
C3 模块温度值	温度	电压测量（0～＋5V）	XX. X	℃
C2 模块直流电机转速	转速	频率测量	X. XXX	千转/分

（2）函数发生器波形输出切换控制和显示选择　下排左、右按键循环切换控制输出波形，包括矩形波、正弦波、斜坡、方波、继电特性、饱和特性、死区特性和间隙特性的切换控制。每按一次下排左按键，指示灯向左循环切换，每按一次下排右按键，指示灯向右循环切换，数码管显示相应的波形信息。

上排右按键循环切换控制输出波形，包括矩形波/正弦波和方波/正弦波同时发生。

2. 函数发生器（B5）

函数发生器（B5）是各函数及波形发生的控制和输出模块，它含有 10 种（可选择）波形输出，有四个函数波形调节电位器、一个波形量程选择开关和各函数发生的输出口组成。各波形和函数的输出选择在（D1）模块中设置。各波形的切换控制和显示见附表 2。

①　矩形波：下排按键选择“矩形波”，指示灯亮，函数发生器（B5）模块中的“矩形波输出”测孔输出矩形波，左边两个数码管显示矩形波正脉冲的宽度“X. X”或“XX” (s)，由“设定电位器1”控制相应的正脉冲输出宽度；此外，(B5) 模块中的“量程选择”开关还可控制正脉冲输出宽度量程（见附表2）。右边三个数码管显示矩形波的幅度“X. XX”(V)，由 (B5) 模块中的“矩形波调幅”电位器控制变化幅度。

注1：只有把函数发生器 (B5) 模块左下角的“S－ST”跨接座上套上短路套后，在“矩形波输出”测孔才有矩形波输出。

注2：“量程选择”开关置于下档时，其零输出宽度恒保持为2s，与正脉冲输出宽度值无关；“量程选择”开关置于上档时，其零输出宽度与正脉冲输出宽度值相等。

附表2　函数发生器取值及显示

<table>
<tr><th rowspan="2">序号</th><th rowspan="2">波形类型</th><th colspan="8">函数发生器取值及显示</th></tr>
<tr><th colspan="3">左显示及范围</th><th>电位器调节</th><th colspan="3">右显示及范围</th><th>电位器调节</th></tr>
<tr><td rowspan="2">1</td><td rowspan="2">矩形波</td><td rowspan="2">宽度</td><td>上</td><td>0.01～1s</td><td rowspan="2">设定电位器1</td><td colspan="3" rowspan="2">幅度（0～6V）</td><td rowspan="2">矩形波调幅</td></tr>
<tr><td>下</td><td>0.1～10s</td></tr>
<tr><td rowspan="2">2</td><td rowspan="2">正弦波</td><td colspan="3" rowspan="2">振幅值（0～6V）</td><td rowspan="2">正弦波调幅</td><td rowspan="2">频率</td><td>上</td><td>0.1～2Hz</td><td rowspan="2">设定电位器2</td></tr>
<tr><td>下</td><td>0.8～50Hz</td></tr>
<tr><td>3</td><td>斜坡</td><td colspan="3">斜率（0.4～8）</td><td>设定电位器1</td><td colspan="3">宽度（0.5～10s）</td><td></td></tr>
<tr><td>4</td><td>方波</td><td colspan="3"></td><td></td><td colspan="3">频率（2.4～250Hz）</td><td>设定电位器1</td></tr>
<tr><td>5</td><td>继电</td><td colspan="3"></td><td></td><td colspan="3">幅值（0～6V）</td><td>设定电位器1</td></tr>
<tr><td>6</td><td>饱和</td><td colspan="3">斜率（0.1～5.1）</td><td>设定电位器1</td><td colspan="3">限幅（0～6V）</td><td>设定电位器2</td></tr>
<tr><td>7</td><td>死区</td><td colspan="3">斜率（0.1～5.1）</td><td>设定电位器1</td><td colspan="3">死区宽度（0～5V）</td><td>设定电位器2</td></tr>
<tr><td>8</td><td>间隙</td><td colspan="3">斜率（0.1～5.1）</td><td>设定电位器1</td><td colspan="3">间隙宽度（0～5V）</td><td>设定电位器2</td></tr>
<tr><td>9</td><td>矩形/正弦波</td><td colspan="8" rowspan="2">详见本节第⑨、⑩点说明</td></tr>
<tr><td>10</td><td>方波/正弦波</td></tr>
</table>

② 正弦波：下排按键选择“正弦波”，指示灯亮，函数发生器 (B5) 模块中的“正弦波输出”测孔输出正弦波，左边两个数码管显示正弦波的振幅“X. X”(V)，由 (B5) 模块中的“正弦波调幅”电位器控制变化幅度；右边三个数码管显示正弦波的频率“X. XX”或“XX. X”(Hz)，由“设定电位器2”控制相应的输出频率；此外，(B5) 模块中的“量程选择”开关还可控制正弦波的频率输出量程。

③ 斜坡：下排按键选择“斜坡”，指示灯亮，函数发生器 (B5) 模块中的“斜坡输出”测孔输出斜坡波形。斜坡输出的幅度为4V，左边两个数码管显示斜坡信号的斜率X. X，右边三个数码管显示斜坡的信号的宽度X. XX，由 (B5) 模块中的“设定电位器1”控制相应的斜率。

④ 方波：下排按键选择“方波”，指示灯亮，函数发生器 (B5) 模块中的“方波输出”测孔输出方波。数码管显示方波频率“XXX. X”(Hz)，由 (B5) 模块中的“设定电位器1”控制相应的输出频率，幅度为3V。

⑤ 继电特性：下排按键选择“继电”，指示灯亮，将信号发生器 (B1) 的幅度控制电位器中心Y测孔作为非线性－5～＋5V输入信号接到函数发生器 (B5) 模块中的“非线性输入”测孔，(B1) 单元的K3开关拨上（－5V），K4开关也拨上（＋5V），(B5) 单元中的“非线性输出”测孔信号输出继电特性；数码管显示继电特性的幅值“X. XX”(V)，由

（B5）模块中的“设定电位器 1”控制相应的输出幅值。

⑥ 饱和特性：下排按键选择“饱和”，指示灯亮，将信号发生器（B1）的幅度控制电位器中心 Y 测孔作为非线性 -5 ~ +5V 输入信号接到函数发生器（B5）模块中的“非线性输入”测孔，（B1）单元的 K3 开关拨上（-5V），K4 开关也拨上（+5V），（B5）单元中的“非线性输出”测孔信号输出饱和特性；左边两个数码管显示饱和特性线性区的斜率“X. X”，由（B5）模块中的“设定电位器 1”设定斜率；右边三个数码管显示饱和输出的限幅值“X. XX”（V），由（B5）模块中的“设定电位器 2”设定输出限幅值。

⑦ 死区特性：下排按键选择“死区”，指示灯亮，将信号发生器（B1）的幅度控制电位器中心 Y 测孔作为非线性 -5 ~ +5V 输入信号接到函数发生器（B5）模块中的“非线性输入”测孔，（B1）单元的 K3 开关拨上（-5V），K4 开关也拨上（+5V），（B5）单元中的“非线性输出”测孔信号输出死区特性；左边两个数码管显示死区特性线性区的斜率“X. X”，由（B5）模块中的“设定电位器 1”设定斜率；右边三个数码管显示死区宽度“X. XX”（V），由（B5）模块中的“设定电位器 2”设定死区宽度。

⑧ 间隙特性：下排按键选择“间隙”，指示灯亮，将信号发生器（B1）的幅度控制电位器中心 Y 测孔作为非线性 -5 ~ +5V 输入信号接到函数发生器（B5）模块中的“非线性输入”测孔，（B1）单元的 K3 开关拨上（-5V），K4 开关也拨上（+5V），（B5）单元中的“非线性输出”测孔信号输出间隙特性；左边两个数码管显示间隙特性线性区的斜率“X. X”，由（B5）模块中的“设定电位器 1”设定斜率；右边三个数码管显示间隙宽度“X. XX”（V），由（B5）模块中的“设定电位器 2”设定间隙宽度。

⑨ 矩形波/正弦波：上排右按键选择“矩形波/正弦波”，指示灯亮，（B5）模块“矩形波输出”测孔和“正弦波输出”测孔同时有输出，“矩形波”的指示灯也亮，数码管显示矩形波的信息。若要观察正弦波的信息，再按一次上排右按键，“正弦波”的指示灯亮，数码管显示正弦波的信息（波形的控制调节与单一波形发生控制相同）。

⑩ 方波/正弦波：上排右按键选择“方波/正弦波”，指示灯亮，（B5）模块“方波输出”测孔和“正弦波输出”测孔同时有输出，“方波”的指示灯也亮，数码管显示方波的信息。若要观察正弦波的信息，再按一次上排右按键，“正弦波”的指示灯亮，同时，数码管显示正弦波的信息（波形的控制调节与单一波形发生控制相同）。

注 1：显示与功能选择模块（D1）右上角的电位器‘RP5’用于调整该模块的基准电压（+2.40V）。

注 2：函数发生器（B5）右下角的“调零”电位器用于调整正弦波输出的基准零位。上电总清或按“复位”键总清后，把“正弦波调幅”电位器调到最大，然后调整“调零”电位器，使“正弦波输出”测孔输出直流电压为零，即正弦波输出的基准零位调整成功。

注 3：上电总清或按“复位”键总清后，数码管显示矩形波信息，矩形波输出 2s 宽度的波形，其他波无输出。

3. 手控阶跃信号发生器（B1）

信号发生器由手控阶跃发生器（B1-1），幅度控制（B1-2）和非线性输出（B1-3）组成。

手控阶跃发生模块由按钮 SB2、L9 灯及两个测孔组成。在 B1-1 模块中，当按钮 SB2 按下时，L9 灯亮，其“0/+5V”测孔将从 0V 阶跃成+5V，“-5V/+5V”测孔将从-5V 阶跃成+5V；当按钮弹出时，L9灯灭，其输出状态相反。（注：该按钮是一个带锁开关，如要改变状态必须再按一次。）

幅度控制模块由开关K3、开关K4和电位器组成。开关K3的上端已连接了-5V，下端已连接了GND；开关K4的上端已连接了+5V，下端已连接了“0/+5V”阶跃信号输出。

B1-2模块可以有三种状态输出：

1）K3开关拨下，K4开关拨上，在电位器的Y测孔可得到“0～+5V”连续可调电压输出。

2）K3开关拨上，K4开关也拨上，在电位器的Y测孔可得到“-5～+5V”连续可调电压输出。

3）K3开关拨下，K4开关也拨下，在电位器的Y测孔可得到手控连续可调“0～+5V”阶跃信号。

非线性发生模块是利用二极管的非线性特性形成非线性输出，IN为输入测孔，OUT为输出测孔。

4. 数-模转换器（B2）

本实验机采用ADC0832作为数-模转换，可实现8bit数字输入转换为模拟量。数字0～0FFH输入，经数-模转换后OUT1测孔输出为0～+5V模拟量。经运算放大器处理后，在OUT2测孔输出为-5～+5V。

5. 虚拟示波器（B3）

提供两通道模拟信号输入CH1和CH2测孔，配合上位机软件的示波器窗口，可以实现波形的显示、存储，可以有效地观察实验中各点信号的波形。

虚拟示波器每个输入通道都配有量程开关，当量程开关拨到×1位置，表示输入不衰减，输入范围为-5～+5V，如果超出此范围，应把量程开关拨到×5位置，此时输入信号将被衰减为原来的1/5。

6. 采样/保持器（B4）

B4模块包含两组采样/保持器。采用LF398实现保持，输入、输出电平范围为±12V。“IN”测孔为输入端；“PU”测孔为采样控制端，高电平采样，低电平保持。单稳态电路4538完成脉冲整形，“A”测孔为输入端（0/+5V上升沿），“Q”测孔为输出端（100μs正脉冲）。

7. 模-数转换器（B7）

本实验机采用DAC0809作为模-数转换，可实现8bit数字输出。其中“IN4和IN5”测孔为0～+5V模拟量输入，“IN6和IN7”测孔为-5～+5V模拟量输入。

8. 定时器、中断单元（B8）

本单元提供CPU控制模块中的定时器8253的计数器1“CLK1”和“T1”测孔（GATE已短接VCC），计数器2“CLK2、T2和Gate2”测孔；提供8259中断控制器IRQ5和IRQ6测孔为CPU控制模块的中断输入；固定时钟（1.229MHz）脉冲输出测孔；“A和A\”测孔分别为附加反相器（74LS14）的输入端和输出端，供用户作为逻辑信号反相用。

9. 基准电压单元（B6）

本单元可提供+Vref（+5.00V）和-Vref（-5.00V）两种基准电压。可以通过调整该单元中的W9和W1电位器来调整基准电压（在出厂时已调整好）。**注意：该单元的测孔不**

可随意插线，以免损坏基准源。

二、虚拟示波器

1. 虚拟示波器的显示方式

为了满足自动控制不同实验的要求，这里提供了示波器的四种显示方式。

1）示波器的时域显示方式。

2）示波器的相平面显示（X-Y）方式。

3）示波器的频率特性显示方式有对数幅频特性显示、对数相频特性显示（bode 图），幅相特性显示方式（Nyquist 图），时域分析（弧度）显示方式。

4）示波器的计算机控制显示方式。

2. 虚拟示波器的使用

（1）设置　用户可以根据不同的要求选择不同的示波器，具体设置方法如下：

①　示波器的一般用法：运行 labACT 程序，选择“工具”栏中的‘单迹示波器’项或‘双迹示波器’项，可直接弹出示波器界面。‘单迹示波器’项的频率响应要比‘双迹示波器’项高，将可观察每秒 6500 个点；‘双迹示波器’项只能观察每秒 3200 个点。单击“开始”即可作为一般的示波器使用。

②　实验使用：运行 labACT 程序，选择“自动控制/微机控制/控制系统”菜单下的相应实验项目，就会弹出虚拟示波器的界面，单击“开始”即可使用本实验机配套的虚拟示波器（B3）单元的 CH1、CH2 测孔测量波形。

（2）示波器的使用

①　示波器的时域显示。

示波器的时域显示是指显示器界面中 X 轴为时间 t，Y 轴为电压 U。附图 1 所示为示波器的时域显示运行界面，只要单击“开始”，示波器就运行了，此时就可以用实验机上的 CH1 和 CH2 来采集、观察波形。CH1 和 CH2 各有输入范围选择开关，当输入电压为 $-5\sim+5$V 时应选用 ×1 档。

注：在使用本虚拟示波器采集、观察波形时，如输入范围选择开关选用 ×1 档，其输入电压一定要在 $-5\sim+5$V 的范围以内。如果大于此输入范围应选用 ×5 档（表示输入信号衰减为原来的 1/5 后进入示波器）。

该显示界面的下方有一个“显示方式”选择框，提供了“示波”和“X-Y”两种方式。当需要的是时域显示方式时，应选择框内的“示波”方式选项（通常在弹出示波器界面时，默认为“示波”方式）。

单击“停止”后，将停止示波器运行，即可进行波形分析和相关的测量（只保存当前实验的波形）。

②　信号幅值测量。

在显示界面的左右各有一条滑竿标尺，用户点住滑竿标尺上、下移动到显示界面中需标定的点，此时滑竿的最右侧的黄色方块上显示的数据为当前测量点的幅值，见附图 1 的 $\boxed{4.34\text{V}}$ 和 $\boxed{2.5\text{V}}$ 数据显示。在 Y 轴上两条滑竿之间（在显示界面的左侧）的黄色方块中显示的数据，为两个测量点的幅值差，见附图 1 上的 $\boxed{\Delta V=1.84\text{V}}$。

③ 信号时间测量。

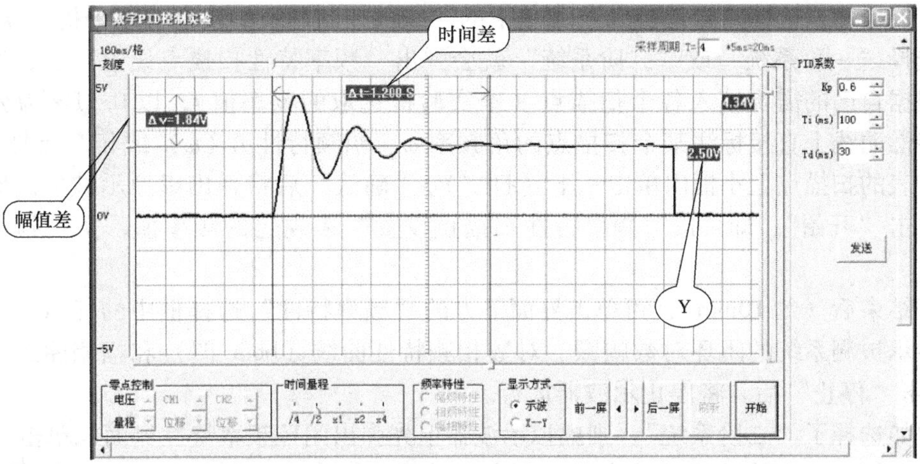

附图 1　虚拟示波器时域显示运行界面（数字 PID 控制实验曲线）

从运行开始到停止，示波器可能已采样了多幅波形，因此用户首先必须单击显示界面下方的“前一屏”或“后一屏”来获取显示所需的画面，然后再单击中间的“微调按钮”来调节波形至最佳测量状态。

在显示界面的下方有一个“时间量程”选择框，在框中‘×2’表示波形压缩为原来的1/2，‘×4’表示波形压缩为原来的1/4，该功能适用于观察频率低、周期长的信号，例如观察时间常数大的积分信号输出；在框中‘/2’表示波形放大了2倍，‘/4’表示波形放大了4倍，该功能适用于观察频率较高的信号，例如观察微分信号输出、阶跃输出的上升时间等。

当信号在显示界面处于最佳测量状态后，用户可以点住显示界面上下各一条的滑竿，左、右移动到波形需标定的点的位置，在X轴上两条滑竿之间的黄色方块中显示的数据，为两个X轴上标定点的时间差，见附图1上的 $\boxed{\Delta t = 1.200\text{S}}$。

（3）示波器的相平面显示（X-Y）使用　在示波器的时域显示界面下方的“显示方式”选择框中，如用户选中“X-Y”选项，则虚拟示波器将提供相当于真实示波器中的“X-Y”选项，即可实现自动控制原理实验中的“相平面分析”实验。

在实验中欲观测实验结果时，应运行“LabACT”程序，选择“自动控制”菜单下的“非线性系统的相平面分析”实验项目，再分别选择“典型非线性环节”、“二阶非线性系统”、“三阶非线性系统”，就会弹出相应的虚拟示波器界面，即可使用本实验机的虚拟示波器观察波形。

确保实验机处于联机状态，单击“开始”后即开始实验。

分析波形：待出现完整波形以后，单击“停止”后停止运行，进行波形分析；或按“刷新”按钮进行波形更新。注意：分析波形必须先停止。在相平面显示界面上，同样也可以实现与时域显示时相同的幅值测量和时间测量功能。

在非线性实验的相平面分析实验中，如果用户在“显示方式”选择框中，选中“示波”选项，示波器将转为时域显示方式。这样用户可以在同一界面上方便地看到系统的时域显示和相平面显示。

（4）示波器的幅频/相频/幅相特性显示使用　在实验中欲观测实验结果时，应运行

“LabACT”程序，选择“自动控制”菜单下的“线性控制系统的频率响应分析”实验项目，再分别选择“一阶系统”或“二阶系统”就会弹出“频率特性扫描点设置”表，在该表中用户可根据自己的需要填入各个扫描点（本实验机选取的频率值f，以0.1Hz为分辨率），如需在特性曲线上直接标注某个扫描点的角频率ω、幅频特性$L(\omega)$或相频特性$\phi(\omega)$，则可在该表的扫描点上小框内单击一下（打√）。“确认”后将弹出虚拟示波器的频率特性界面，单击“开始”，即可按“频率特性扫描点设置”表规定的频率值，实现频率特性测试。

测试结束后（约10min），可单击界面下方的“频率特性”选择框中的任意一项进行切换，将显示被测系统的闭环对数幅频、对数相频特性曲线（bode图）和幅相曲线（Nyquist图），单击“停止”后，将停止示波器运行。

用户如选择了“二阶系统”，则虚拟示波器上先弹出闭环频率特性界面，单击“开始”，待实验机把闭环频率特性测试结束后，再在示波器界面左上角的红色“开环”或“闭环”字上双击，将在示波器界面上弹出“开环/闭环”选择框，单击“确定”后，示波器界面左上角的红字，将变为“开环”然后再在示波器界面下部“频率特性”选择框点击（任一项），在示波器上将转为“开环”频率特性显示界面。

在“开环”频率特性界面上，亦可转为“闭环”频率特性显示界面，方法同上。

在频率特性显示界面的左上角，有红色“开环”或“闭环”字表示当前界面的显示状态。

被测系统某个频率点的L、φ、I_m、R_e等相关数据测量：实验机在测试频率特性时，实验开始后实验机先自动产生0.5～16Hz等多种频率信号，在示波器的界面上形成闭环对数幅频、相频特性曲线（bode图）和幅相曲线（Nyquist图）。在界面上方将显示该系统用户点取的频率点的ω、L、φ、I_m、R_e等相关数据。然后提示用户用鼠标直接在幅频或相频特性曲线的界面上单击所需增加的频率点（选取的频率值f，以0.1Hz为分辨率，例如所选择的频率信号频率值f为4.19Hz，则认为4.1Hz送入到被测对象的输入端），实验机将会把鼠标点取的频率点的频率信号送入到被测对象的输入端，然后检测该频率的频率特性。检测完成后在界面上方显示该频率点的频率和相关数据，同时在曲线上打“十字标记”。如果增添的频率点足够多，则频率特性曲线将成为近似光滑的曲线，如附图2所示（该曲线已增添了多个频率点）。

鼠标在界面上移动时，在界面的左下角将会同步显示鼠标位置所选取的角频率ω值、幅值或相位值。

在软件安装目录“\ Aedk \ LabACT \ 两阶频率特性数据表 . txt”中将列出所有测试到的频率点的闭环/开环L、φ、I_m、R_e等相关数据测量。注：该数据表不能自动更新，只能用“关闭后再打开”的办法更新。

闭环系统谐振频率ω_r，谐振峰值$L(\omega_r)$等相关数据的测量：在闭环对数幅频曲线中，用鼠标在曲线峰值处单击一下，待检测完成后，就可以根据“十字标记”测得该系统的谐振频率ω_r和谐振峰值$L(\omega_r)$，见附图2。

开环系统的幅值穿越频率ω_c、相位裕度γ等相关数据的测量：在开环对数幅频曲线中，用鼠标在曲线$L(\omega)=0$处单击一下，待检测完成后，就可以根据“十字标记”测得系统的幅值穿越频率ω_c；同时还可在开环对数相频曲线上根据“十字标记”测得该系统的相位裕

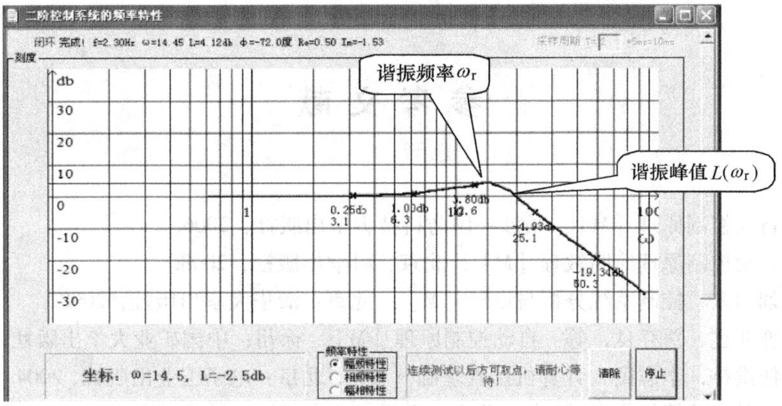

附图2 虚拟示波器闭环系统幅频特性界面

度γ。

注1：用户用鼠标只能在幅频或相频特性曲线的界面上单击所需增加的频率点，无法在幅相曲线的界面上单击所需增加的频率点。

注2：根据本实验机的现况，要求构成被测二阶闭环系统的阻尼比ξ必须满足一定条件，否则模-数转换器（B7单元）将产生削顶，即

$$\xi \geqslant 0.102 \quad 或 \quad T_i/KT \leqslant 0.1$$

注3：实验机在测试频率特性时，实验开始后，实验机将按顺序自动产生0.5Hz、1Hz、2Hz等多种频率信号，当被测系统的输出$C(t)$ ≤60mV时将停止测试。

注4：由于I型系统含有一个积分环节，它在开环时响应曲线是发散的，因此欲获得其开环频率特性，还需构建成闭环系统，测试其闭环频率特性，然后再通过公式换算，从而得到开环系统的频率特性。

参考文献

[1] 刘明俊．自动控制原理［M］．长沙：国防科技大学出版社，2006.

[2] 胡寿松．自动控制原理简明教程［M］．北京：科学出版社，2008.

[3] 廖晓钟，刘向东．控制系统分析与设计［M］．北京：清华大学出版社，2008.

[4] 常俊林，郭西进，贾存良，等．自动控制原理［M］．徐州：中国矿业大学出版社，2010.

[5] 刘瑞叶，任洪林，李志民．计算机仿真基础［M］．北京：电子工业出版社，2004.

[6] 蒋珉．控制系统计算机仿真［M］．北京：电子工业出版社，2006.

[7] 薛定宇．控制系统仿真与计算机辅助设计［M］．北京：机械工业出版社，2006.

[8] 周开利，邓春晖．MATLAB 基础及其应用［M］．北京：北京大学出版社，2007.

[9] 黄忠霖，控制系统 MATLAB 计算及仿真［M］．长沙：国防科技大学出版社，2001.

[10] 王正林，王胜开，陈国顺．MATLAB/Simulink 与控制系统仿真［M］．北京：电子工业出版社，2005.

[11] 姚俊，马松辉．SIMULINK 建模与仿真［M］．西安：西安电子科技大学出版社，2002.

[12] 王忠礼，段慧达，高玉峰．MATLAB 应用技术——在电气工程与造化专业中的应用［M］．北京：清华大学出版社，2007.

[13] 程鹏．自动控制原理实验教程［M］．北京：清华大学出版社，2008.

[14] 曹锦芳．控制理论实验［M］．杭州：浙江大学出版社，1993.

[15] 李传琦．电力电子技术计算机仿真实验［M］．北京：电子工业出版社，2007.

[16] 彭学锋，刘建斌，鲁兴举．自动控制原理实践教程［M］．北京：中国水利水电出版社，2006.

[17] 高嵩，李传琦，邹其洪．自动控制理论实验与计算机仿真［M］．长沙：国防科技大学出版社，2004.

[18] 吴怀宇．控制原理与系统分析实验教程［M］．北京：电子工业出版社，2009.

[19] 马秀玲，马慧．自动控制原理实验及综合系统设计［M］．武汉：华中科技大学出版社，2008.